SHENGMING DE LICHENG

走进生命科学丛书

ZOUJIN SHENGMING KEXUE CONGSHU

生命的历程

本书编写组◎编

U1001811

世界图书出版公司
广州·北京·上海·西安

图书在版编目（CIP）数据

生命的历程/《生命的历程》编写组编著. —广州：广东世界图书出版公司，2010. 1（2024.2 重印）

ISBN978－7－5100－1619－6

Ⅰ. ①生… Ⅱ. ①生… Ⅲ. ①生命科学－青少年读物

Ⅳ. ①Q1－0

中国版本图书馆 CIP 数据核字（2010）第 010075 号

书　　名	生命的历程 SHENGMING DE LICHENG
编　　者	《生命的历程》编写组
责任编辑	康琬娟
装帧设计	三棵树设计工作组
出版发行	世界图书出版有限公司　世界图书出版广东有限公司
地　　址	广州市海珠区新港西路大江冲 25 号
邮　　编	510300
电　　话	020-84452179
网　　址	http://www.gdst.com.cn
邮　　箱	wpc_gdst@163.com
经　　销	新华书店
印　　刷	唐山富达印务有限公司
开　　本	787mm×1092mm　1/16
印　　张	10
字　　数	120 千字
版　　次	2010 年 1 月第 1 版　2024 年 2 月第 12 次印刷
国际书号	ISBN　978-7-5100-1619-6
定　　价	48.00 元

前言

PREFACE

生命的萌发不是一蹴而就的，也不是凭空产生的，它是自然物质经过极其漫长的自然优胜劣汰的进化的结果，是一个从简单到复杂，从低级到高级的生命演化过程。

最早的生命在大约距今6亿年出现的，海洋是孕育最早生命的场所，一些原始生命在海洋中陆续出现，在距今4.5亿年到3.5亿年，海洋无脊椎生物繁荣发展，经过漫长的若干年演化，海洋脊椎动物诞生了。

随着海陆气候的巨大变化，海洋面积逐渐缩小，湖泊和大陆出现，一些海洋植物开始登陆，开始了陆地生活，海洋中的部分鱼类逐渐摆脱水域，开始演化成两栖类。

在距今3亿年到2亿年间，蕨类植物发展成高大的种类，裸子植物开始出现，某些两栖类动物也成功地演化成爬行动物，它们有的生活在水中，有的生活在陆地，还有的生活在空中，爬行动物一统天下的局面逐渐形成。随着气候条件的继续变化，爬行动物一统天下的局面不复存在，有些爬行动物进化为鸟类，有些爬行动物进化为原始的哺乳动物。

在距今7000万年前后，地球的气候又一次发生了巨变，导致被子植物开始繁盛起来。在动物界，一些大型爬行动物遭遇了灭顶之灾，而体温恒定的哺乳类动物却因能适应变化的气候环境，而逐渐繁盛起来，若干年后，灵长类，这支最重要的哺乳类动物终于登上了历史舞台，从猿到人的转变是人类演化史上最为重要的一环，在其中的一支成功演化为人之后，人和猿从此“分道扬镳”，各自朝着不同的发展道路发展，人作为万物之灵，开始了地球主人的生活。

Contents

目 录

生命形态的初始阶段

无脊椎动物时期

裸蕨植物和鱼类时期

两栖动物时期

爬行动物时期

鸟类的进化和迁徙

哺乳动物时期

人类时代终于来临

生命形态的初始阶段

SHENGMING XINGTAI DE CHUSHI JIEDUAN

很久以来，人们都在追问：什么是生命，生命的完整定义是怎样的？不同的人群给生命下的定义是不同的，然而，生命的真正含义却至今还没有人能回答出来。最简单的生命形态是在地球上有了合适的气候条件，有机分子变成生物单体，生物单体又进一步聚合变成生物聚合体蛋白质以后，才出现的。在生命诞生的初始阶段，生命形态是最简单的非细胞形态的，尔后在这最简单的形态结构的基础上，才一步步发展起来复杂的生命体。

生命的多元化定义

我们研究生物界进化发展的基本规律，首先应该了解研究的对象：什么是生命以及生命是怎样发生的？关于生命的本质及其起源的问题，始终是两种宇宙观激烈斗争的问题之一。在不同的社会、不同的阶级，对这个问题有不同的解释。因此，围绕着这个问题唯物主义同唯心主义展开了激烈的斗争。

剥削阶级和唯心主义者过去和现在总是把生命看成是某种精神的、非物质的——“灵魂”、“世界精神”、“生命力”、“神的智慧”等表现，用超自然的力量解释生命的起源。唯物主义者同唯心主义者相反，认为生命按其本质

绿色的生命

来说也是物质的，它是物质存在的一种特殊形式。生命是可以认识的，它也有其本身的发生和发展过程。在19世纪，达尔文的进化论虽然给神创论、目的论、物种不变论以致命的打击。但是达尔文本人以及后来的一些进化论者都没有对生命及其起源问题给予回答。因此，长期以来，这个问题一直是唯心主义的藏身所。

自从辩证唯物主义诞生以后，加上近代科学的发展，这个问题才初步获得了比较明确的答案。什么是生命？如何给生命下一个完整的定义？

无产阶级的革命导师恩格斯曾总结了19世纪自然科学的光辉成就，提出生命活动的哲学概括，给生命下了一个经典的定义。恩格斯说："生命是蛋白体的存在方式，这种存在方式本质上就在于这些蛋白体的化学组成部分的不断地自我更新。"

生命的哲学定义：生命是生物的组成部分，是生物具有的生存发展性质和能力，是生物的生长、繁殖、代谢、应激、进化、运动、行为表现出来的生存发展意识，是人类通过认识实践活动从生物中发现、界定、彰显、抽取出来的具体事物和抽象事物。

生物是具有生命、生存意识、生存性能的自然物体。生命和生物既相互对立又相互统一，生命、生存发展性能、生存发展意识是生物具有的本质、属性、规定和规律，是生物的组成部分和组成元素。生物是非生物长期运动变化产生的结果。自然

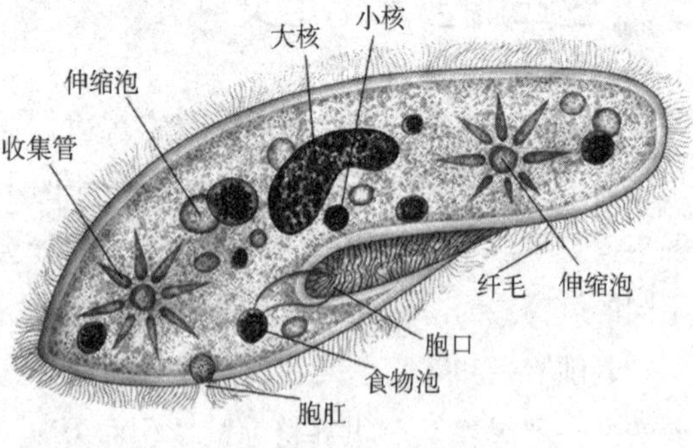

单细胞结构图

事物普遍具有相互作用、相互影响的性质和能力，当一个非生物经过长期复杂的相互作用、相互影响的过程，逐步形成了自主的生存发展性质和能力，形成了自主的生存发展意识的时候，一个具有生命的生物就产生了。

现代生物学给生命下的定义：生命是生物体所表现出来的自身繁殖、生长发育、新陈代谢、遗传变异以及对刺激产生反应等复合现象。

分子生物学给生命下的定义：生命是有核酸和蛋白质等物质组成的分子体系，它具有不断繁殖后代以及对外界产生反应的能力。

生命的生物学定义：生命是生物体所表现出来的自身繁殖、生长发育、新陈代谢、遗传变异以及对刺激产生反应等复合现象。

生命的分子生物学定义：生命是有核酸和蛋白质等物质组成的分子体系，它具有不断繁殖后代以及对外界产生反应的能力（表现为化学成分的同一性、严整有序的结构、严整有序的结构、应激性、稳态、生长发育、遗传变异和进化、适应）。

总结：不同的角度，对于生命会有不同的阐述，然而生命是什么却没有人能真正回答出来，因为我们所选取的角度总是从自己所专注的领域出发，具有一定狭隘性。自然界的花草树木，即便是一块石头也应该是有生命的。动物、植物，甚至是我们生活的地球、宇宙都是有生命的。

知识点

目的论

目的论是指用目的解释世界的哲学学说。在如何解释世界的事物和现象以及它们之间关系的问题上，目的论认为某种观念的目的是预先规定事物、现象存在和发展以及它们之间关系的原因和根据。目的论的根本点是把自然过程拟人化，把目的这个只为人的活动所固有的因素强加给自然界。目的论有两种主要的表现形式，即外在的目的论和内在的目的论。

在生物学中，目的论是认为生物的适应是绝对完善的，生物体的结构与功能严格对应，生物体的结构是为一定的功能目的而设计的，各部分的结构又是按最合理的方式组合成整体的一种理论。

生命起源的争议

先有鸡还是先有蛋？“先鸡派”认为蛋是鸡生的，所以是先有鸡。“先蛋派”认为鸡是蛋孵化的，所以先有蛋。这是逻辑上的大麻烦，蛋固然是鸡生的，鸡难道就不是蛋孵化出来的？真可谓公说公有理，婆说婆有道！双方都陷入了循环的怪圈。就好像在一个圆内跑步，分不清谁前谁后了。其实问题的终结都是生命起源于什么，生命何时、何处、特别是怎样起源的问题，是现代自然科学尚未完全解决的重大问题，是人们关注和争论的焦点。历史上对这个问题也存在着多种臆测和假说，并有很多争议。

“先有鸡？先有蛋”

生命起源的创造论（或神造说）

创造论否认一切的事物是自然形成的说法。它认为哪怕是正在呼吸的空气，也是需要被创造才得以产生。目前人类正在面临各种自然资源枯竭，生态平衡被破坏而带来的各种灾难的情况下，对大自然的驾驭更是感到无能为力。人类无能为力的时候，还能做什么呢？惟有依靠神。这不是愚昧，而是人的本能就是这样。在《圣经》上说，“起初，神创造天地”。

生命起源的自然发生说

又称“自生论”或“无生源论”，认为生物可以随时由非生物产生，或者由另一些截然不同的物体产生。如中国古代所谓“肉腐出虫，鱼枯生蠹”，以及亚里士多德说的“……有些鱼由淤泥及砂砾发育而成”。中世纪有人认为树叶落入水中变成鱼，落在地上则变成鸟等。自然发生说是 19 世纪前广泛流行的理论，这种学说认为，生命是从无生命物质自然发生的。

生命起源的化学起源说

化学起源说是被广大学者普遍接受的生命起源假说。这一假说认为，地球上的生命是在地球温度逐步下降以后，在极其漫长的时间内，由非生命物质经过极其复杂的化学过程，一步一步地演变而成的。第一阶段，从无机小分子生成有机小分子的阶段，即生命起源的化学进化过程是在原始的地球条件下进行的。第二阶段，从有机小分子物质生成生物大分子物质。第三阶段，从生物大分子物质组成多分子体系。第四阶段，有机多分子体系演变为原始生命。

生命起源的宇宙生命论（或泛生说）

这一假说提倡“一切生命来自生命”的观点，认为地球上最初的生命来自宇宙间的其他星球，即“地上生命，天外飞来”。这一假说认为，宇宙太空中的“生命胚种”可以随着陨石或其他途径跌落在地球表面，即成为最初的生命起点。现代科学研究表明，在已发现的星球上，自然状况下是没有保存生命的条件的，因为没有氧气，温度接近绝对零度，又充满具有强大杀伤力的紫外线、X 射线和宇宙射线等，因此任何“生命胚体”是不可能保存的。这个假说实际上把生命起源的问题推到了无边无际的宇宙中去了，同时这个假说对于“宇宙中的生命又是怎样起源”的问题，仍是无法解释的。

生命起源的宇生说

这一假说认为，地球上最早的生命或构成生命的有机物，来自于其他宇宙星球或星际尘埃。持这种假说的学者认为，某些微生物孢子可以附着在星际尘埃颗粒上而落入地球，从而使地球有了初始的生命。

生命起源的热泉生态系统

生命的起源可能与热泉生态系统有关，这是 20 世纪 70 年代以来，部分学者提出的观点。20 世纪 70 年代末，科学家在东太平洋的加拉帕戈斯群岛附近发现了几处深海热泉，在这些热泉里生活着众多的生物，包括管栖蠕虫、蛤类和细菌等兴旺发达的生物群落。这些生物群落生活在一个高温（热泉喷口附近的温度达到300℃以上）、高压、缺氧、偏酸和无光的环境中。部分学者认为，热泉喷口附近的环境不仅可以为生命的出现以及其后的生命延续提供所需的能量和物质，而且还可以避免地外物体撞击地球时所造成的有害影响，因此热泉生态系统是孕育生命的理想场所。

热泉生态系统之所以与生命的起源相联系，主要基于以下的事实：

（1）现今所发现的古细菌，大多都生活在高温、缺氧、含硫和偏酸的环境中，这种环境与热泉喷口附近的环境极其相似；

（2）热泉喷口附近不仅温度非常高，而且又有大量的硫化物、CH_4、H_2和CO_2等，与地球形成时的早期环境相似。

由此，部分学者认为，热泉喷口附近的环境不仅可以为生命的出现以及其后的生命延续提供所需的能量和物质，而且还可以避免地外物体撞击地球时所造成的有害影响，因此热泉生态系统是孕育生命的理想场所。但另一些学者认为，生命可能是从地球表面产生，随后就蔓延到深海热泉喷口周围。以后的撞击毁灭了地球表面所有的生命，只有隐藏在深海喷口附近的生物得以保存下来并繁衍后代。因此，这些喷口附近的生物虽然不是地球上最早出现的，但却是现存所有生物的共同祖先。

揭开生命起源的神秘面纱

生命起源是一个亘古未解之谜，地球上的生命产生于何时何地？是怎样产生的？千百年来，人们在破解这一谜底之时，遇到了不少陷阱，同时也见到了前所未有的光明。在2500年前的春秋时代，老子《道德经》里有：道生一，一生二，二生三，三生万物。用现在的话说，就是地球上的生命是由少到多，慢慢演化而来。它们有一个共同的祖先，这个祖先就是一，而这个一是由天地而生，用今天的话说，可能就是由无机界所形成。直到19世纪，伴随着达尔文《物种起源》一书的问世，生物科学发生了前所未有的大变革，同时也为人类揭示生命起源这一千古之谜带来了一丝曙光，这就是现代的化学进化论。

生命的起源应当追溯到与生命有关的元素及化学分子的起源。因而，生命的起源过程应当从宇宙形成之初，通过所谓的“大爆炸”产生了碳、氢、氧、氮、磷、硫等构成生命的主要元素谈起。

达尔文

大约在66亿年前，银河系内发生过一次大爆炸，其碎片和散漫物质经过长时间的凝集，大约在46亿年前形成了太阳系。作为太阳系一员的地球也在46亿年前形成了。接着，冰冷的星云物质释放出大量的引力势能，再转化为动能、热能，致使温度升高，加上地球内部元素的放射性热能也发生增温作用，故初期的地球呈熔融状态。高温的地球在旋转过程中，其中的物质发生分异，重的元素下沉到中心凝聚为地核，较轻的物质构成地幔和地壳，逐渐出现了圈层结构。这个过程经过了漫长的时间，大约在38亿年前出现原始地壳，这个时间与多数月球表面的岩石年龄一致。

生命的起源与演化是和宇宙的起源与演化密切相关的。生命的构成元素如碳、氢、氧、氮、磷、硫等是来自“大爆炸”后元素的演化。资料表明前生物阶段的化学演化并不局限于地球，在宇宙空间中广泛地存在着化学演化的产物。在星际演化中，某些生物单分子，如氨基酸、嘌呤、嘧啶等可能形成于星际尘埃或凝聚的星云中，接着在行星表面的一定条件下产生了像多肽、多聚核苷酸等生物高分子。通过若干前生物演化的过渡形式，最终在地球上形成了最原始的生物系统，即具有原始细胞结构的生命。至此，生物学的演化开始，直到今天地球上产生了无数复杂的生命形式。

38亿年前，地球上形成了稳定的陆块，各种证据表明液态的水圈是热的，甚至是沸腾的。现生的一些极端嗜热的古细菌和甲烷菌可能最接近于地球上最古老的生命形式，其代谢方式可能是化学无机自养。澳大利亚西部瓦拉伍纳群中35亿年前的微生物可能是地球上最早的生命证据。

知识点

原始生命

原始生命是生命起源的化学进化过程的产物。有些多分子体系经过长期不断地演变，特别是由于核酸和蛋白质这两大主要成分的相互作用，终于形成了具有原始新陈代谢作用和能够进行繁殖的物质，这种物质就是原始生命。

生命存在的基础和条件

蛋白质是生命赖以存在的物质基础。生物细胞结构的主要成分就是蛋白质。比方，人的肌肉就是由蛋白质构成的。横纹肌的主要成分为球状蛋白质；平滑肌则为纤维状的胶原蛋白质；毛、发、甲等都由角蛋白质构成。人体中大多数调节生理生化作用的物质及一切具有生理功能的物质，无不以蛋白质为其主要成分，蛋白质与生命起源密切相关。

蛋白质的起源就是生命的起源。没有蛋白质就没有生命。蛋白质是那么奇妙，各种各样的蛋白质形成了千差万别的生命。谁也说不清世界上到底有多少种蛋白质；谁也说不清构成人体的蛋白质到底有多少种。人和动物之所以不同，就是因为组成人体的蛋白质与组成动物的蛋白质是不相同的。动物之所以与植物不同，也是因为构成二者的蛋白质各有差异。生物既有共同的特性，却又彼此千差万别，其原因就在于所有生物体都由同一类型的东西（蛋白质）所构成，而这类蛋白质相互之间又是有所区别的。

恩格斯曾在《自然辩证法》中说："生命是蛋白体的存在方式，这个存在方式的基本因素在于和它周围的外部自然界的不断地新陈代谢，而且这种新陈代谢一停止，生命就随之停止，结果便是蛋白质的分解。如果有一天用化学方法制造蛋白体成功了，那么它们一定会显示生命现象，进行新陈代谢，虽然可能是很微弱的和短暂的。"

恩格斯关于生命的哲学概括，基本上包括以下两点：①生命的物质基础是蛋白体；②这种物质的存在形式就是进行自我更新，不断地与外界发生新陈代谢。

恩格斯的这个论断在科学上具有重大的意义。因为它说明了一切生命形式的共同性——生命与自然界其他现象的联系，同时也确定了生命物质的特殊性。另外，还启示我们去研究生命物质运动形式的历史根源，提出了进一步认识生命的途径。

恩格斯

近代生物学工作者本着恩格斯的指示进行了很多有关生命活动本质的研究。在这方面积累了丰富的材料，充分地证明了恩格斯论断的正确性。

生命现象质的特征是生物体的自我更新。根据恩格斯的意见，生物体的自我更新，“首先是在于蛋白体从自己周围摄取其他的适当的物质，把它们同化，而体内其他比较老的部分则分解并且被排泄掉”。所以这是一个具有同化与异化两种作用的新陈代谢过程。生物的新陈代谢就是在生物体内进行着成千上万的独立的生物化学的反应过程，这些反应彼此之间有规律地结合在一起，构成了一个复杂的能量和物质转化网。在这个网中具有同化作用，通过合成将一些外界物质转变为生物体本身所固有的核酸、蛋白质和其他化合物。另外，通过异化作用，通过分解供给生命所需要的能源，并从体内排出废物。由此来看，生物体的新陈代谢是通过同化作用与异化作用两个方面的过程来实现的。

生物体的新陈代谢是一切生命现象产生和发展的基础。上面说到，生命的质的特征就是生物体的自我更新，自我更新建立在新陈代谢的同化作用与异化作用矛盾对立统一的基础上，同化与异化的矛盾，是生物体内在的基本矛盾，它是生物体自我运动的源泉。生物体的其他一切生命特征如生长、繁殖、遗传、变异、适应性、激应性等都是建立在新陈代谢的基础上，通过新陈代谢产生的。所以，恩格斯说：“从蛋白质的主要机能——通过摄食和排泄来进行的新陈代谢中，从蛋白质所特有的可塑性中，可以导出所有其他最简单的生命要素：刺激感应性、收缩性、成长的能力、内在的运动。”

此外，生物体的新陈代谢也是构成生物与其生活条件矛盾对立统一的基础。生物与生活条件的对立统一是生物进化发展的基本规律之一。生物的生活，不能脱离环境，因为环境是构成生物体所必需的惟一的物质源泉。另外，通过生命活动，生物也能影响周围环境发生变化，所以生物与外界环境条件是一个相互依存、相互影响的对立统一整体。这个统一体不是静止的、合二而一的，其中有矛盾，有统一。这个矛盾和统一，同化作用与异化作用的矛盾与统一，便构成了生物界进化发展的原因之一。

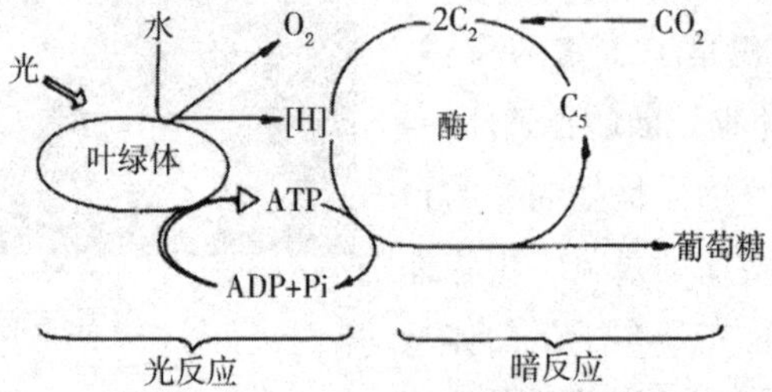

生物的光合作用示意图

生物和非生物，按其元素组成来说，只有量的差异，但就物质运动的形态来说，却有质的不同。辩证唯物主义认为，生命是物质运动的特殊形态，它是在物质的历史发展过程中产生的。那么，物质是怎样在发展过程中，由量变到质变，由无生物发展成生物的呢？

过去，对生命起源问题曾有过许多不同的解释，最早流传的是生物自然发生论，说什么“腐草为萤”、“白石化羊”、“腐肉生蛆”，把生命说得似乎可以随时随地自然发生。但是这种承认生物是由非生物转化而来，承认生命的物质性，则是关于生命起源的最早的朴素唯物主义思想。因为限于当时的科学发展水平，自生论还不能正确地解释非生物为什么可以转化为生物的道理，有些看法只能是主观臆测。后来，出现了宗教，有人主张生命是“天”或“神”创造的。这种“神创论”或“天创论”历来被剥削阶级所利用，成为愚弄、压迫广大劳动人民的工具。不论“天命”也好，“天之志”也好，在他们看来，万物包括生物在内，都是“老天爷”创造的。在“天创论”的基础上，各种宗教、神话更把生物的产生说得神秘离奇，什么灵魂轮回转世啦，女娲抟土造人啦，上帝吹口气，泥娃娃就有了灵性啦，等等，辗转相传。随着科学的发展，有些学者便认为生物不是神创的，也不能自生，只能由生物产生生物，于是又出现了“生生论”。“生生论”并没有解决最早生命的来源问题，于是又有些学者主张生物是由别的星球上带来的，产生所谓“生命外来说”或“宇宙生命论”。这种理论仍然不能说明最初生命的起源问题。

恩格斯在《自然辩证法》一书中，不仅论述了生命的哲学定义，同时指出了生命是由非生命的物质发展而来的。他认为物质世界在发展过程中经历了很多变化，最后才产生了生命，因此，“生命是整个自然界的结果”。按照恩格斯的论述，生命的发生和发展可以分为以下两个阶段：

初生蛋白质小块的发生

恩格斯认为在天体的形成过程中，由于地球的逐渐冷却，便发生了物质运动形态的相互转变的交互作用，在这过程中，最后出现了化学亲和力的作用。这种作用使得化学元素化合成许多化合物。以后随着温度的降低，一部分气体变为液体，由液体变为固体：这样不断地发展、变化，便在地球上形成了一层硬壳，同时表面有了水的积蓄。以后当温度降到不超过蛋白质生存限度的时候，在其他适当的化学的先决条件下，有生命的原生质便形成了。至于这个先决条件是什么？当时还不知道。

恩格斯认为最初产生的是蛋白质小块。它必然具备了从氧、二氧化碳以及溶解在周围的水里的一些盐类中吸取养料的能力。这种无形态分化的蛋白

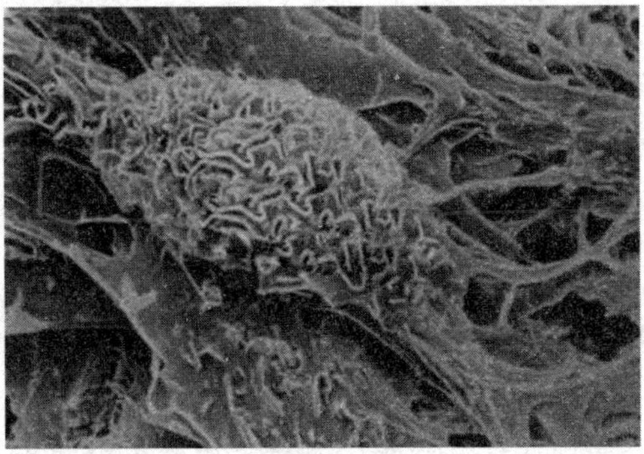

各种不同的细胞

质小块“……执行着生命的一切主要机能：消化、排泄、运动、收缩、对刺激的反应、繁殖”。对这种蛋白质小块，恩格斯认为应该称为有生命的原生质了。

细胞的产生

生命发生以后，在生命进化的某一阶段上，恩格斯认为，从那种以某种形式伸出和缩回伪足的简单蛋白质小块，可以形成无细胞的原生生物。这种原生生物与现代的变形虫是不同的。以后，在蛋白质中又分化出核和质，从此，形体的形成就加快了。又经过较长的时间，便产生了具有细胞膜的细胞。随着细胞的产生便提供了整个生物界形态形成的基础，由单细胞生物逐渐发展成多细胞生物，又进一步发展成更复杂的生物体。

恩格斯的这些见解，给我们指出了解决生命起源问题的方向。首先，生命是在物质发展过程中产生的，因此应从物质的发展过程中去寻找生命的起源；其次，在解决生命起源问题时，必须研究蛋白质的起源问题。因为没有蛋白质，就没有生命。同时，在研究蛋白质的形成时，应通过化学的方法来解决。因为“生命的起源必然是通过化学的途径实现的”。

知识点

同化作用和异化作用

同化作用和异化作用是生命体新陈代谢的两个过程。同化作用又叫做合成代谢，是指生物体把从外界环境中获取的营养物质转变成自身的组成物质，并且储存能量的变化过程，即生物体利用能量将小分子合成为大分子的一系列代谢途径。异化作用是同化作用相反的过程，是生物体将体内的大分子转化为小分子并释放出能量的过程。

最早的生物体——蓝藻

最初的地球不是现在这个样子，海洋是后来才形成的。雨水和河水不断地把各种化合物带到海洋里。越来越多的化合物在海水里相互作用，渐渐地产生了一些结构越来越复杂的化合物，一些蛋白质状的东西。后来又逐渐产生出能进行生命过程的小物体，这就是蛋白体。恩格斯曾经指出：生命是蛋白体存在的基本方式。原始蛋白体进一步发展，就出现了细胞。细胞是各种植物和动物的身体结构的基本单位。最早的动物都是单细胞动物，分裂产生的子细胞仍旧单独生活。单细胞生物虽然只由一个细胞构成，但也能完成营养、呼吸、排泄、运动、生殖和调节等生命活动。多细胞动物是后来才发展起来的。这就是说，在进化的过程中，某些单细胞动物的遗传性发生了变化，它们所产生的子细胞彼此不再分开，联合成为细胞集团。

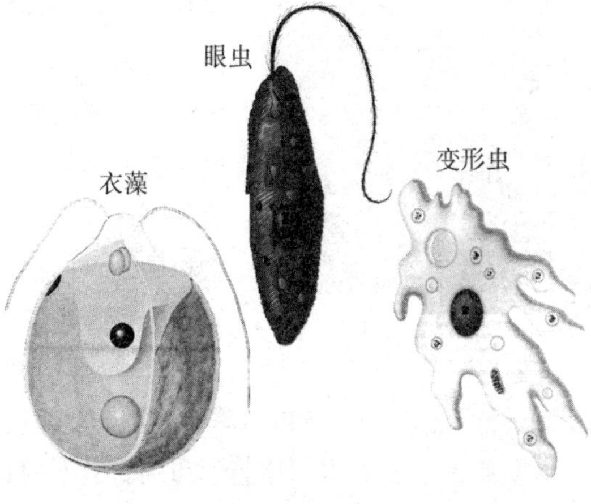

单细胞生物

最早的这种细胞集团也是很简单的，许多细胞虽然联合在一起了，仍然各自管自己的生活。慢慢地，有些简单的细胞集团起了很大的变化，联合在一起的细胞逐渐分化，成为各种器官，来分担生活上的各种工作。这样，细胞之间就开始了分工合作。有些细胞就发展成为一根管子，管子的开口就是嘴。这根管子专门消化食物，把营养物质供应给所有生活在一起的细胞。有些细胞又发展成为神经。神经能将消息从这一部分传达到另一部分，好像电话线一样。后来，动物又长大了一些，有些细胞又发展成为血管系统，营养物质就可以通过血管输送给体内所有的细胞。因为有些细胞已经离开消化道很远，不能直接从消化道取得营养物质了。

现在还不知道这些复杂的变化经历了多少亿年。因为那些古老的动物又微小又柔软，很不容易留下化石来。不过我们已经知道，在5亿~6亿年以前，所有的最重要的无脊椎动物都已发展出来了。在自然博物馆里，就陈列着它们的化石。

世界上最早的生物蓝藻出现。蓝藻是藻类生物，又叫蓝绿藻；大多数蓝藻的细胞壁外面有胶质衣，因此又叫黏藻。在所有生物中，蓝藻是最简单、最原始的一种，大约出现在距今35亿~33亿年前。

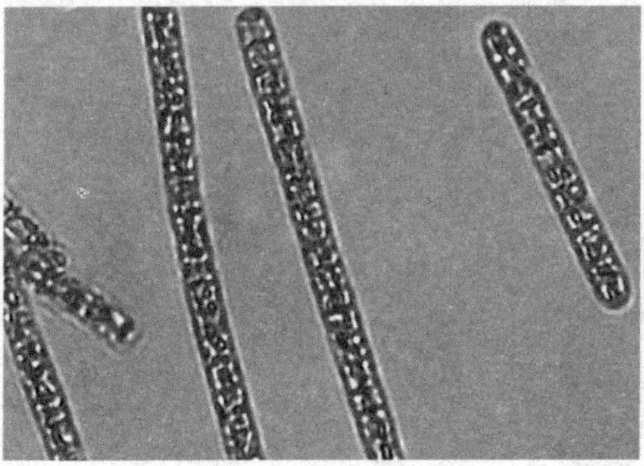

蓝　藻

蓝藻是单细胞生物，没有细胞核，但细胞中央含有核物质，通常呈颗粒状或网状，染色体和色素均匀地分布在细胞质中。该核物质没有核膜和核仁，但具有核的功能，故称其为原核。和细菌一样，蓝藻属于“原核生物”。它和具原核的细菌等一起，单立为原核生物界。

蓝藻不具有叶绿体、线粒体、高尔基体、内质网和液泡等细胞器，含叶绿素a，无叶绿素b，含数种叶黄素和胡萝卜素，还含有藻胆素（藻红素、藻蓝素和别藻蓝素的总称）。一般说，凡含叶绿素a和藻蓝素量较大的，细胞大多呈蓝绿色。同样，也有少数种类含有较多的藻红素，藻体多呈红色，如生于红海中的一种蓝藻，名叫红海束毛藻，由于它含的藻红素量多，藻体呈红色，而且繁殖得也快，故使海水也呈红色，红海便由此而得名。蓝藻虽无叶绿体，但在电镜下可见细胞质中有很多光合膜，叫类囊体，各种光合色素均附于其上，光合作用过程在此进行。

蓝藻的细胞壁和细菌的细胞壁的化学组成类似，主要为黏肽；贮藏的光合产物主要为蓝藻淀粉和蓝藻颗粒体等。细胞壁分内外两层，内层是纤维素的，少数人认为是果胶质和半纤维素的。外层是胶质衣鞘，以果胶质为主，或有少量纤维素。内壁可继续向外分泌胶质增加到胶鞘中。有些种类的胶鞘很紧密，有些种类胶鞘很易水化，相邻细胞的胶鞘可互相融合。胶鞘中可有棕、红、灰等非光合作用色素。

蓝藻的藻体有单细胞体的、群体的和丝状体的。最简单的是单细胞体。有些单细胞体由于细胞分裂后子细胞埋在胶化的母细胞壁内而成为群体，如若反复分裂，群体中的细胞可以很多，较大的群体可以破裂成数个较小的群体。有些单细胞体由于附着生活，有了基部和顶部的极性分化，丝状体是由于细胞分裂按同一个分裂面反复分裂、子细胞相接而形成的。有些丝状体上的细胞都一样，有些丝状体上有异形胞的分化；有的丝状体有伪枝或真分枝，有的丝状体的顶部细胞逐渐尖窄成为毛体，这也叫有极性的分化。丝状体也可以连成群体，包在公共的胶质衣鞘中，这是多细胞个体组成的群体。蓝藻是最早的光合放氧生物，对地球表面从无氧的大气环境变为有氧环境起了巨大的作用。

知识点

细胞的基本结构

细胞是构成有机体的基本单位，具有独立的、有序的自控代谢体系，是代谢与功能的基本单位。细胞的结构分为下列四个部分：细胞壁、细胞膜、细胞质、细胞核。细胞壁植物的一层透明的薄壁，对细胞起着支持和保护的作用。细胞膜是细胞壁内侧紧贴着的一层极薄的膜。它起着保护细胞内部和控制物质进出细胞的作用。细胞质是细胞膜包着的黏稠透明的物质。细胞核是细胞质里由更加黏稠的物质构成一个近似球形的物质。

“生命大爆炸”时期——元古代

太古代是地质发展史中最古老的时期，始于迄今46亿年前（地球出现），结束于迄今38亿~24亿年前。之所以如此模糊，一是因为有人把迄今38亿年前早期岩石还没有形成的时期单划分成冥古代；二是由于年代久远，太古代保存下来的地质纪录非常破碎、零散。地球的岩石圈、水圈、大气圈和生命的形成都发生在这一重要而又漫长的时期。大约38亿年前，地球形成最初的永久地壳，至35亿年前大气圈、海水开始形成。太古代晚期出现原核生物。迄今24亿年前细菌和蓝藻开始繁盛，出现“生命大爆炸”。

元古代是紧接在太古代之后的一个地质年代，一般指距今24亿年前~5.7亿年前这一段地质时期。这一时期，现在的陆地在那时大部仍然被海洋所占据，地壳运动剧烈，到了晚期，北方劳亚古陆和南方冈瓦纳大陆的面积扩大了许多，出现了若干大片陆地。到元古代晚期，即震旦纪（距今8亿~6亿年）那时候，我国大陆范围内已出现好几块陆地（岛），就成为今后大陆扩大的基础。那时的长江流域处于高纬度附近，还有北美洲、亚洲的部分地区，以及南美洲南端、澳大利亚东南和新西兰等地。在我国，许多地区已经露出海面而成为陆地，而青藏高原的大部分仍然被海水占据。元古代晚期时间为大约从距今8亿年以前到元古代结束，震旦是古代印度对我国的称呼。在震旦纪，出现了全球性的大冰期，称为震旦纪大冰期，是地球发展史上的三大冰期之一。冰川最盛时覆盖了亚洲、欧洲、美洲、大洋洲的许多地区，有的地方冰层厚达千米。

元古界的岩石变质程度较浅，并有一部分未变质的沉积岩。主要有板岩、大理岩、千枚岩、白云岩、石灰岩、页岩、砂岩和冰碛层等。由蓝藻等形成的叠层石非常丰富。藻类和菌类开始繁盛，晚期出现了埃迪卡拉动物群。我国的元古代地层广泛分布于南北各地。元古代早期火山活动仍相当频繁，生物界仍处于缓慢、低水平进化阶段，生物主要是叠层石以及其中分离得到的有机碳和球状、丝状蓝藻化石，由于这些光合生物的发展，大气圈已有更多的氧气。

在19亿年前，大陆地壳不断增厚，开始发育有盖层沉积，地球表面始终保持着一种十分有利于生命发展的环境。蓝藻和细菌继续发展，到距今13亿年前，已有最低等的真核生物——绿藻出现。在元古代晚期，盖层沉积继续增厚，火山活动大为减弱，并出现广泛的冰川，从此地球具有明显的分带性气候环境，为生物发展的多样性提供了自然条件，著名的后生动物群——澳大利亚埃迪卡拉动物群就出现这个时期。地质年代的第二个代，约开始于24亿年前，结束于5.7亿年前的“生命大爆发”。这一时期，现在的陆地在那时大部仍然被海洋所占据，地壳运动剧烈，到了晚期，北方劳亚古陆和南方冈瓦纳大陆的面积扩大了许多，出现了若干大片陆地。

元古代时期，海水里的生命活动明显地加强了，生物界由原核细胞形式演变为真核细胞形式，但演变的过程和时间还不清楚。这时细菌和蓝藻开始繁盛，后来又出现了红藻、绿藻等真核藻类。藻类在生长过程中黏附海水中的沉积物颗粒形成层纹状结构物，称作叠层石，叠层石是地球上最早的生物礁，出现于太古代而在元古代达到鼎盛。除了藻类生物外，元古代结束前，海洋里出现了一些如海绵等低等无脊椎动物。“元古代”的意思，就是原始时代。藻类和细菌开始繁盛，到晚期无脊椎动物偶有发现。与太古代相比，这一代的岩石变质程度较浅，并有一部分未经变质的沉积岩。

元古代

知识点

原核生物

原核生物是由原核细胞组成的单细胞生物，包括蓝细菌、细菌、古细菌、放线菌、立克次氏体、螺旋体、支原体和衣原体等。原核生物极小，用肉眼看不到，须在显微镜下观察。多数原核生物为水生，它们能在水下进行有氧呼吸，是地球上最初产生的单细胞动物。在原核生物中，除了支原体外，其他所有原核生物都有细胞壁。

寒武纪生命大爆发现象

寒武纪生命大爆发被称为古生物学和地质学上的一大悬案，自达尔文以来就一直困扰着进化论等学术界。大约 6 亿年前，绝大多数无脊椎动物门在几百万年的很短时间内出现了。这种几乎是“同时”地、“突然”地出现在寒武纪地层中门类众多的无脊椎动物化石（节肢动物、软体动物、腕足动物和环节动物等），而在寒武纪之前更为古老的地层中长期以来却找不到动物化石的现象，被古生物学家称作“寒武纪生命大爆发”。

寒武爆发吸引了无数的古生物学家和进化论者去寻找证据探讨其起因。100 多年以来的证据产生出解释寒武爆发的两种基本观点。一种观点认为，寒武爆发是一种假象，由于进化是渐进的，所谓的“爆发”只是表明首次在生物化石记录中发现了早在前寒武纪就已经广泛存在并发展的生物，其他的生物化石群则可能由于地质记录的不完全而“缺档”，造成这种“缺档”的原因是前寒武纪地层经历着热与压力，其中的化石被销毁了。另一种观点认为，寒武爆发代表了生物进化过程中的真实事件。

1965 年，两位美国物理学家提出了寒武爆发是由于地球大气的氧水平这个物理因素造成的。他们认为，在早期地球的大气中含有很少或根本就没有自由氧，氧是前寒武纪藻类植物光合作用的产物并逐渐积累形成的。后生动物需要大量的氧，一方面用于呼吸作用，另一方面氧还以臭氧的形式在大气中吸收大量有害的紫外线，使后生动物免于有害辐射的损伤。

从化石资料来看，真核藻类大约在 9 亿年前出现了有性生殖，实际上，有性生殖出现得更早。有性生殖的发生在整个生物界的进化过程中有着极其重大的作用，由于有性生殖提供了遗传变异性，从而有可能进一步增加了生物的多样性，这是造成寒武爆发的原因之一。

生物收割者假说是美国生态学家斯坦利提出的，斯坦利认为，在前寒武纪的 25 亿年的多数时间里，海洋是一个以原核蓝藻这样简单的初级生产者所组成的生态系统，营养级简单惟一。由于物理空间被这种种类少但数量大的生物群落顽强地占据着，所以这种群落的进化非常缓慢，从未有过丰富的多样性。寒武爆发的关键是草食收割者的出现和进化，收割者为生产者有更大的多样性制造了空间，而这种生产者多样性的增加又导致了更特异的收割者的进化。营养级金字塔按两个方向迅速发展，从而使得整个生态系统的生物多样性不断丰富，最终导致了寒武纪生命大爆发的产生。

寒武爆发作为地史上的第二大悬案一直为人们所关注。随着化石的不断发现及新理论的建立，这一谜团最终将大白于天下。

对于寒武纪生命大爆发最有说服力的无疑就是埃迪卡拉动物群。1947 年，在澳大利亚南部的阿得雷德山脉以北的埃迪卡拉地区，发现了一些圆形的像水母样的印痕化石，称为“埃迪卡拉动物群”。它包含了多种形态奇特的动物化石：身体巨大而扁平、多呈椭圆形或条带形，具有平滑的有机质膜，是人们迄今为止发现的最古老、最原始的化石，也是在太古代地层中发现的最有说服力的生物证据。

在后来对埃迪卡拉地区重新进行深入细致的研究中，采集到几千块化石，有的是圆形的压印，同现代水母相似；有的是柄状的印痕，与现代的海鳃相似，也是一种腔肠动物；有的像细长的蠕虫那样的印痕，有一个像马蹄形的头和约 40 个完全相同的体节所组成，与现代的环节动物相似；还有椭圆形、盾形印痕，并且有 T 形的纹道，可能是节肢动物，它们同现在已知的任何一种生物都不相似。奇怪的形态令许多学者相信，埃迪卡拉（型）动物群是后生动物出现后的第一次适应辐射，它们采取的不同于现代大多数动物采取的形体结构变化方式。不增加内部结构的复杂性，只改变躯体的基本形态，变得非常薄，呈条带状或薄饼状，使体内各部分充分接近外表面，在没有内部器官的情况下进行呼吸和摄取营养。

埃迪卡拉动物群的发现和研究，大大地促进了前寒武纪古生物学的发展，纠正了过去认为无脊椎动物在寒武纪初期才发生的观点，也把原来以为只有 6 亿年左右的后生动物历史，大大向前推进了。

埃迪卡拉动物群的组成说明它生活于海洋环境，从沉积物来看说明是浅海，大概只有 6 ~ 7 米的深度，并距海岸很近。在这样的环境下，蠕虫状动物可在海底沙里钻洞或在沙上觅食，海羽笔类可以扎根沙里。大多数水母是从开阔海洋漂浮而来的。一些狄更逊蠕虫体在它们被埋藏的地方显示了收缩与扩张。还有一个种有许多大小不同生长阶段的个体，这说明它们生活的地方与埋藏的地方很近。可以认为埃迪卡拉（型）动物群是在元古宙末期大气氧含量较低的条件下后生动物大规模占领浅海的一次尝试，结果失败了，而导致绝灭。在后来的演化过程中，后生动物采取了第二种方式，使内部的器官复杂化和物种多样化的发展，即生物系统演化。

无脊椎动物时期

WUJIZHUI DONGWU SHIQI

无脊椎动物是动物的原始形态，地球上无脊椎动物的出现至少早于脊椎动物1亿年。大多数无脊椎动物化石见于古生代寒武纪，当时已有节肢动物三叶虫及腕足动物。随后出现了古头足类及古棘皮动物的种类。到古生代末期，古老类型的生物大规模灭绝，中生代还存在软体动物的古老类型，到末期即逐渐灭绝，软体动物现代属、种大量出现。到新生代演化成现代类型众多的无脊椎动物，而在古生代盛极一时的腕足动物至今只残存少数代表。

海洋无脊椎动物的繁盛发展

寒武纪，古生代的第一个纪，距今约5.4亿~5.1亿年，因为距离我们现在还很遥远，大多人在文学创作时喜欢将它理解为“天长地久”。寒武纪是现代生物的开始阶段，是地球上现代生命开始出现、发展的时期，这个时期的地球大陆特征完全不同于今天。寒武纪常被称为“三叶虫的时代”，这是因为寒武纪岩石中保存有比其他类群丰富的矿化的三叶虫硬壳。当时出现了丰富多样且比较高级的海生无脊椎动物，保存了大量的化石，从而有可能研究当

水族馆中的寒武纪

时生物界的状况，并能够利用生物地层学方法来划分和对比地层，进而研究有机界和无机界比较完整的发展历史。

在潮湿的低地，虽分布有苔藓和地衣类的低等植物，但它们还缺乏真正的根茎组织，难以在干燥地区生活；无脊椎动物也还没有演化出适应在空气中生活的机能。寒武纪没有真正的陆生生物，大陆上缺乏生气、荒凉一片。此外，在寒武世时，具有硬壳的动物第一次大量地出现，许多大陆都被浅海所泛滥，超大陆刚瓦那（Gondwana）则正在南极附近形成。寒武纪晚期地球海陆分布图形成于前寒武世末期（大约距今6亿年前）的超大陆潘诺西亚（Pannotia），在古生代的时候开始分裂，一个新的海洋——巨神海（Iapetus Ocean）在劳伦西亚（Laurentia，北美）、波罗的（Baltica，北欧）和西伯利亚（Siberia）这几个古大陆之间扩张。超大陆冈瓦那（Gondwana）则在泛非褶皱带上组合而成当时最大的大陆，范围从赤道延伸到南极。在奥陶世时期，温暖的海水把石灰岩和盐岩沉淀在冈瓦那大陆的赤道地区（澳大利亚、印度、中国与南极洲），同时在冈瓦那大陆的南极地区（非洲与南美）则沉淀了冰河的沉积及冰漂的碎屑。寒武纪的开始，却标志着地球进入了生物大繁荣的新阶段，生物一时间生命大爆发，出现了前所未有的繁荣。

张夏寒武纪地层剖面，在泰山主峰之北，位于泰安和济南之间交通干线的两侧，交通方便，而且构造简单，出露完全，十分有利于现场观察和研究。它是我国地层和古生物研究历史最长、研究程度最高的地层剖面之一，在我国地质学史上占有很重要地位。1959全国地层会议后，被正式确定为我国北方寒武纪的标准地层剖面，在我国不同地区寒武纪地层对比和国际寒武纪地层对比方面起着重要作用，同时也是许多寒武纪古生物种属（蒿里山虫、中华莱德利基虫、馒头褶颊虫、山东虫、孙氏盾虫命名地或模式标本的原产地。

随着真核生物的出现，动植物开始分化和发展。地史上最早的动物化石是距今7亿~6亿年澳大利亚的埃迪卡拉动物群，从动物的分化水平看，埃迪卡拉动物群已是较后期的类型，不是动物的原始代表。这标志着后生动物早已出现，并经历了一段相当长的分化演变过程。

张夏寒武纪地层剖面

随后是距今6亿年，延续了约1.7亿年，在生物演化史上称为“海洋藻类时代”和“海洋无脊椎动物时代”。植物仍以海生藻类为主，但很难保存为完好的化石。由于植物进化速度远较动物缓慢，早古生代植物界一直停留在藻类阶段。藻类的大量繁育不仅为海洋无脊椎动物提供了丰富的食物资源，而且通过叶绿素光合作用，放出氧气，为海洋无脊椎动物的发展，准备了有利的生活环境。

继元古宙末期埃迪卡拉后生裸露动物群之后，出现了地史上最早具钙质硬壳的小壳动物群，这与当时海水富含钙质有关。由于发生了矿化事件，使得寒武纪保存的化石突然增多。这一时期称为“非三叶虫时代”。进入三叶虫时代后，在中国云南发现了距今5.7亿年的澄江动物群，是目前世界上保存最早的软体多门类动物群。随后，腔肠动物、古杯类、软体动物（双壳、腹足、头足)、棘皮动物、牙形刺、笔石等相继出现。其中以三叶虫演化迅速、生态分异明显，分布遍及全球整个海域，在动物界中占绝对优势，因而称寒武纪为“三叶虫时代”。古杯类是地史上最早的造礁动物，生活于早寒武世，中寒武世早期绝灭，是生物史上第一个完全绝灭的造礁动物门类。

当时是自然环境有利于海洋无脊椎动物继续发展的时代，层孔虫、苔藓虫等先后出现，笔石、腕足类、鹦鹉螺等显著分异。树形笔石继续发展，一部分固着在海底生活，而大部分远洋漂浮生活，遍及全球海域。到早奥陶世中期，正笔石类兴起、演化迅速，是奥陶纪的重要分带化石。腕足类出现了分异的第一个高峰期，在数量上占重要地位。鹦鹉螺开始出现于晚寒武世，到奥陶纪分异明显，种类繁多，个体较大，是营游泳生活的凶猛食肉动物。珊瑚最早出现于寒武纪，至中、晚奥陶世大量繁育，同层孔虫、苔藓虫等一起，是温暖浅海的重要造礁动物。海洋无脊椎动物新类群的出现和多样化，加剧了浅海陆棚区的生存竞争。

一些生物延续时间较短，但有新的发展。其中最重要的生物事件是，三叶虫显著衰退，笔石向简化方向演变，单笔石兴起并大量发展。珊瑚以床板珊瑚和日射珊瑚为主，出现了特有的链珊瑚。腕足类出现了内部构造更为复杂的五房贝和展翼状外壳的石燕贝。鹦鹉螺显著减少但仍有代表。节肢动物中形体最大的板足鲎类最早出现于奥陶纪，到志留纪大量繁育，志留纪末，由于受加里东运动的影响，海水逐渐退去。部分生物为了适应新的生活环境，由海洋向陆地生活转变。

知识点

无脊椎动物

无脊椎动物是背侧没有脊柱的动物，它们是动物的原始形式。其种类数约占动物总类数的95%。无脊椎动物分布于世界各地，现存约100余万种。包括棘皮动物、软体动物、腔肠动物、节肢动物、海绵动物、线形动物等。按照组成细胞数，无脊椎动物可分成单细胞动物和多细胞动物。

化石动物——三叶虫

三叶虫是节肢动物门中已经灭绝的三叶虫纲中的动物。它们最早出现于寒武纪，在古生代早期达到顶峰，此后逐渐减少至灭绝。最晚的三叶虫于2.5亿年前二叠纪结束时的生物集群灭绝中消失。三叶虫是非常知名的化石动物，其知名度可能仅次于恐龙。在所有的化石动物中，三叶虫是种类最丰富的，至今已经确定的有9（或者10）个目，1.5万多个物种。大多数三叶虫是比较简单的、小的海生动物，它们在海底爬行，通过过滤泥沙来吸取营养。它们身体分节，有带沟将身体分为三个垂直的叶。我国浙蒙山区的三叶虫化石分布很广，费县、平邑县等地均有发现。估计生于古生代的中寒武纪，距今约有5亿年。又因这里的三叶虫化石与其他地方不同，不是完整的虫体化石，而是在形成过程中只有虫体的硬体部分形成化石，这一部分化石头鞍弯曲如弓，两弓刺大于身一倍，两弓如翼而融为一体，身小如雨燕而得名，石玩者又称它为“飞上天石”。

三叶虫化石

许多三叶虫有眼睛，它们还有可能用来作味觉和嗅觉器官的触角。有些三叶虫是瞎的，可能它们居住在非常深的海底，那里没有光，因此用不着眼睛。

三叶虫属海生无脊椎动物，主要营底栖生活，也有部分在泥沙中生活和漂浮生活，世界上已发现10000多种，我国已发现1000多种。因虫体背部为几丁质甲壳组成，易于保存为化石，又因背甲被两背沟纵为轴部，和左右对称两肋叶，故称三叶虫。自前至后可分为头、胸、尾三部分，该虫能终生阶段性脱壳，所以常见于头甲及尾甲分散保存为化石。

特大三叶虫化石

在我国镇江就有一块距今4.5亿年的特大“三叶虫”化石，上面竟嵌有

50多只三叶虫，观者无不为之惊叹。这块“三叶虫”化石，长81.1厘米，宽41厘米，厚3厘米，重30余千克。化石板上嵌着50余只“三叶虫”，虫的身躯、翅膀清晰可见。据省地质研究所一位地质专家称，“三叶虫”属海里游移和漂浮动物，开始出现于早寒武纪，古生代末全部灭绝，其化石是划分地质时代的主要标准，在地质博物馆里或许能见到，三叶虫作为时间的鉴证者，在生命历程中历经环境变迁、大自然残酷的考验，最终退出历史的舞台。

知识点

二叠纪

二叠纪是古生代的最后一个纪，开始于距今约2.95亿年，延至2.5亿年，共经历了4500万年。二叠纪的地壳运动比较活跃，古板块间的相对运动加剧，世界范围内的许多地槽封闭并陆续地形成褶皱山系，古板块间逐渐拼接形成联合古大陆。陆地面积的进一步扩大，海洋范围的缩小，自然地理环境的变化，促进了生物界的重要演化，决定了二叠纪是生物界发展演化的重要时期。

蠕虫、腕足、棘皮动物

古今蠕虫

300多年前的18世纪，生物学的系统分类还很不完善。当时的著名分类学家林耐把那些身体大致呈长形、缺少外骨骼、运动方式为靠皮肤肌肉收缩和体液压力进行蠕动的“虫子”统称为蠕虫动物。

实际上，所谓蠕虫动物是许多原始的刚刚有三胚层身体结构的动物的统称，它包括了许多庞杂的类群。所谓三胚层，就是在类似于珊瑚或是海绵那样的只有内、外两个胚层的动物的身体结构基础上，又在内胚层和外胚层之间形成了中胚层。除了中胚层产生之外，所有的蠕虫动物也还有一些其他的共同特点，如身体两侧对称、身体分节、形成了雏形的附肢——疣足等。

地层中的腕足动物化石

根据有无体腔的形成，科学家把蠕虫动物首先分为无体腔、假体腔和真体腔三大类。其中，无体腔蠕虫动物包括扁形动物门和纽虫动物门两大门类，假体腔蠕虫动物包括线虫动物门、线形动物门、轮虫动物门、腹毛动物门、动吻动物门和棘头动物门，而真体腔蠕虫动物则包括螠门、星虫门、鳃曳动物门和环节动物门。无体腔蠕虫动物和假体腔蠕虫动物保存下来的化石非常稀少，仅有一些寄生类化石、印痕化石等。

真体腔蠕虫动物的遗体化石也很少，但是虫颚（虫牙）和遗迹化石较为丰富。20 世纪 90 年代，我国科学家在云南省澄江地区发现了大量的寒武纪古生物化石，被称为“澄江动物群”，其中就有属于鳃曳动物门的蠕虫动物遗体化石，如帽天山虫、环饰蠕虫和古蠕虫等。这些 5 亿多年前潜居在古海洋海底泥沙中的古老生物为科学家研究地球早期的动物进化及地球早期生态环境提供了难得的线索。

古今腕足动物

腕足动物是生活在海底的一大类有壳的无脊椎动物，它们的两瓣壳大小不一样，壳质是钙质或几丁磷灰质。腕足动物在幼虫期要度过几天到两个星期的时间营浮游生活，然后长出肉茎附着于海底营固着生活，不过也有一些种类是以次生胶结物或壳刺固着于海底或自由躺卧着生活。

腕足动物化石

现代仍有 7 个超科、84 个属、将近 300 种的腕足动物生活着，而在地质历史时期它们就更繁盛了，从 6 亿年前的寒武纪到 1 万年前的第四纪都有化石记录，截至到 1979 年时已经被科学家描述过的属就有 3377 个，种数则超过了 32000 个。这些林林总总的腕足动物化石在确定地质时代上有着重要的意义。

科学家把腕足动物分成了 4 个纲：无铰纲、始铰纲、具铰纲和腕铰纲。其中，无铰纲包括舌形贝目、乳孔贝目、神父贝目和髑髅贝目；始铰纲包括三分贝目和尼苏贝目；具铰纲包括正形贝目、五房贝目、扭月贝目和长身贝目；腕铰纲则包括小嘴贝目、穿孔贝目、无洞贝目、无窗贝目和石燕目。

现代腕足类动物在浅海、半深海和深海环境里都有发现，而且最适合于在正常盐度的海洋里生活。淡化的海中除了舌形贝之外很少发现有其他的腕足动物，例如波罗的海和其他北欧海域没有腕足类就是因为盐度较低造成的。现代腕足类动物在沙质海底、岩石海底和黏土泥质海底都有分布。其中，穴居的舌形贝类喜欢沙质海底，固着生活的腕足类则喜欢岩石海底或含有碎砾和碎壳的海底。现代腕足类还经常与藻类、珊瑚、蠕虫、软体动物和棘皮动物等共生在一起。

化石腕足类在各类沉积岩中都有发现，不过以灰岩、泥灰岩、页岩和粉砂岩中出现的较多，而且保存得也较好。古生代的腕足类化石经常出现在礁石地层中，与珊瑚、层孔虫、苔藓虫以及海绵等生活在正常浅海中的动物共生在一起，因此可以推测当时的腕足动物也是生活在盐度正常的浅海之中。中生代以后的腕足动物开始出现了与深海生物共生的类型，而且从化石资料上还可以看出腕足类从阳光充足的浅海向弱光半深海直到深海散布的过程，而正是这样的过程才使得今天的海洋里不管是浅海、半深海还是深海都有了腕足动物在生活着。

今昔棘皮动物

在水族馆里，五颜六色的鱼儿和千姿百态的其他水生动物肯定让你眼花缭乱、目不暇接。但是，你绝对会在一些色彩鲜艳的五角星似的动物前面驻足良久，因为它们太奇特了——其他的动物身体都是两侧对称的，这些动物却那么的与众不同。仔细看一下标牌你就会知道，原来它们的名字叫做海星，属于棘皮动物门，身体的这种独特状态被科学家们称为五辐射对称。

漂亮的海星

棘皮动物全都生活在海里。科学家通过解剖知道，它们身体内部分布着一套极其复杂的“水管系”，水管系的末端通常形成管足，能够行使运动、取食、感觉、呼吸以及营造巢穴等多种功能。棘皮动物身体内部还有由中胚层分泌形成的内骨骼，其骨板以及外面覆盖的皮膜上长有不同形状的棘刺或管瘤，“棘皮动物”这一名称就是因此而产生的。

实际上，我们看到的五角星似的五辐射对称动物是棘皮动物的成年个体，在它们的幼虫期，棘皮动物也是两侧对称的。根据这一点，再加上一些其他的身体特点以及胚胎发育特点，科学家认为棘皮动物与脊索动物可能是由共同的祖先演化而来的。也就是说，棘皮动物是无脊椎动物中最高等的一门，它们与脊椎动物所在的脊索动物门的亲缘关系最近。棘皮动物的幼虫经过两侧对称的担轮幼虫阶段发育为五辐射对称的成虫，这是由于从浮游的生活方式过渡到固着或很少移动的生活方式而产生的。有些种类如海参等到了成虫外形依然保持两侧对称，但是内部构造却具有五辐射对称的特征了。

棘皮动物化石早在寒武纪地层里就有发现，而直到今天，棘皮动物仍然很繁盛。科学家统计发现，现生棘皮动物和化石棘皮动物总共有大约 2 万种，

可食用棘皮动物

大约占所有动物总数的2%。其中，现生的棘皮动物有大约5千种。在化石棘皮动物中，海百合类与海胆类化石较多，海星类化石较少。科学家把棘皮动物分成4个亚门：海胆亚门、海扁果亚门、海百合亚门和海星亚门。其中，海胆亚门包括7个纲：海旋板纲、海座星纲、海蛇函纲、海蒲团纲、海盘囊纲、海参纲和海胆纲；海扁果亚门包括3个纲：海桩纲、海笔纲和海箭纲；海百合亚门包括8个纲：始海百合纲、海林檎纲、拟海百合纲、垫海蕾纲、拟海蕾纲、海蕾纲、鳞海林檎纲和海百合纲；海星亚门只有1个纲：海星纲。

棘皮动物显然有一个极长的进化历史，因为早在早古生代初期，大量结构复杂的棘皮动物已经出现，这足以证明棘皮动物起源的时间应该在寒武纪之前。到了寒武纪早期开始的时候，海旋板类、海座星类和始海百合类开始出现；随后海蒲团类和鳞海林檎类也出现了；寒武纪晚期到奥陶纪早期的时候出现了海箭类、海百合类、海星类和海蛇函类；到了奥陶纪中期至晚期，棘皮动物的所有其他类别如海蕾类等全部出现了。在那以后直到今天的漫长岁月里，再也没有发现新的棘皮动物纲，反而，棘皮动物的多数纲在古生代结束的时候都灭绝了，只有少数的纲进入了中生代并繁衍到现代。

知识点

脊索动物门

脊索动物门是动物界最高等的门，也是与人类关系最密切的动物类群，脊索动物背侧有一条脊索，分为三个亚门，其中尾索动物亚门和头索动物亚门可以合称为原索动物。它们共同特征包括：在生活史中的某个阶段具有脊索、中空的背神经管、咽鳃裂以及肛后尾。现存脊索动物种类不论在外部形态和内部结构上，或是生活方式方面，都存在着极其明显的差异。

章鱼、乌贼的亲戚——鹦鹉螺

鹦鹉螺是一种有着螺旋状外壳的软体动物，是现代章鱼、乌贼类的亲戚。柔软的身体占据壳的最后一室，其他部分则充满空气以增加浮力。鹦鹉螺的贝壳很美丽，构造也颇具特色。具有数十只触手，无吸盘。这种石灰质的外壳大而厚，左右对称，沿一个平面作背腹旋转，呈螺旋形。贝壳外表光滑，灰白色，后方间杂着许多橙红色的波纹状。在遥远的古生代，鹦鹉螺几乎遍布全球；但到了现在，很遗憾，除了在南太平洋的深海里还存在着6种鹦鹉螺之外，就很少见到它们的身影了。属底栖性生物，白天潜伏海底，夜间活跃，主要靠漏斗喷水的射流反作用前进、后退及转弯。可自由调节身体中气室里的气体分布，来控制身体的沉浮。是头足纲四鳃亚纲仅有的一个现生存属，在生物进化系统的研究方面极有价值。

章　鱼

之所以说鹦鹉螺是乌贼、章鱼的亲戚，是因为考究生物的进化史不难发现他们在生活环境及身体构造等方面惊人的相似。同属头足类且分布广泛，都生活在海洋中，在世界热带、温带及寒带海洋中都有发现，其中以热带海洋的种类最为丰富。分布的水深从海边的潮间带、浅海的珊瑚礁区及泥沙海底、广阔的大洋表面，以及黑暗无光的数千米

鹦鹉螺

深海中。有些广布型的头足类，因为幼生能随着洋流飘散到极广大的海域，因此能广泛分布到各大洋。其次，对盐度变化的忍受能力很弱，乌贼、章鱼及鹦鹉螺都具有一定的喷射游泳能力。虽然爬行是大部分章鱼与鹦鹉螺的运动方式，但乌贼有时也会以这种方式运动，主要以腕交替着地，使身体前进，或是以吸盘牵引他物，使身体获得前进的力量。

再次，都以调整浮力的方式帮助身体进行较低的能量消耗。例如鹦鹉螺的外壳中有许多空室，空室之间彼此有体纵管相通，鹦鹉螺便能在这些空室中进行气液交换，控制浮力。乌贼体内有碳酸钙质内壳，就是中医药材之一的海螵蛸，也可帮助乌贼控制浮力。呼吸功能完全由位于内脏囊两侧的羽状鳃来担任，鹦鹉螺类具有两对鳃，大部分是游离的，约有 30 多个鳃叶，鳃内具有出鳃血管与入鳃血管，但没有微血管构造。乌贼约为 30 ~ 40 个，除了出、入鳃血管之外，鳃丝内尚有微血管分布。章鱼类的鳃叶虽然只有 8 ~ 10 个，但构造比鱿鱼、锁管及乌贼更为复杂，其鳃轴腔特别发达，将鳃叶分成两列，鳃叶及鳃丝的皱褶显著增加，鳃丝内的微血管形成网状分布，使气体交换的面积大大地增加。在头的两侧生有两只发达的眼睛，除了少数具有眼柄的种类之外，两眼都位于眼窝内。鹦鹉螺类为环状空腔的眼睛，有开孔与外界相通，结构原始。乌贼类的眼睛为球状晶体眼，结构复杂，有晶状体、虹膜、玻璃体等构造。鱼类的眼眶外具有内、外两层假角膜，外层较厚，内层较

乌 贼

薄。某些大洋性的头足类，眼球附近生有发光器，其数目、排列和大小，可作为分类的依据。诸多的特征让这些失散的“亲戚”又聚在了一起。

知识点

软体动物

软体动物通称“贝类”，是动物界中的第二大门，属于无脊椎动物的一门。软体动物的形态结构变异较大，但基本结构是相同的。身体柔软，具有坚硬的外壳，身体藏在壳中，借以获得保护，由于硬壳会妨碍活动，所以它们的行动都相当缓慢。不分节，可区分为头、足、内脏团三部分，体外被套膜，常常分泌有贝壳。有肉足或腕。

单细胞原生动物放射虫

放射虫是海洋中漂浮的单细胞原生动物，因为具有放射排列的线状伪足而得名。

原生动物是最低等的一类动物，个体仅由1个细胞组成，在分类上科学家把它们归为一个门，即原生动物门。但是原生动物的这个惟一的细胞却是一个完整的有机体，具有作为一个动物个体所应有的主要生活机能。细胞的各部分产生了分化，各自掌管一定的功能，形成了“类器官”。原生动物往往长有鞭毛、纤毛或是伪足作为它们的运动器官。有些原生动物的细胞质中具有骨架或是形成坚固的外壳。

原生动物个体都很微小，一般都在250微米以下，也就是说，它们还不到一粒1毫米长的米粒的1/4那么大。这么小的身体只有在显微镜下才能够观察到。可是这些不起眼的小动物的分布却非常广泛，大多生活在海洋或淡水水域里，也有一些生活在潮湿的土壤中，或是营寄生性的生活。

科学家根据这类动物是否长有运动器官或是长有什么类型的运动器官而把它们分成了4个纲：鞭毛虫纲、纤毛虫纲、孢子虫纲和肉足虫纲。放射虫就属于肉足虫纲。它们与其他原生动物的主要区别就是细胞质里有一个几丁质的中心囊，把细胞质分为囊外和囊内两个部分。囊的表面包着角质膜，膜上有小孔，使囊内和囊外的细胞质相互沟通。

放射虫有球形、钟罩形等多种形状，身体直径可以达到100～2500微米。由细胞质分泌的骨架通常包藏在细胞中，其化学成分因不同的种类而不同，多数为硅质或含有机质的硅质，少数含有碳酸锶。放射虫的骨架有3种类型：一种为松散结构，骨架由互不连接或接合不坚实的杆、骨针和刺组成；另一种是网球结构，骨架呈球形、纺锤形或锥形，沿着中心囊膜紧密连接成网状；还有一种为同心结构，骨架由多层同心排列的网格构成，各层间常有许多针、钩、小柱相连，构成精巧美丽的壳形。以这些不同的骨架结构类型为基础，并在一定程度上结合中心囊的构造特点，科学家把放射虫分成了3个亚目，即棘刺虫亚目、多囊虫亚目和褐囊虫亚目。其中多囊虫亚目又分为泡沫虫和罩笼虫两大类。

放射虫营漂浮生活，喜好大洋环境，在地理上分布十分广泛，几乎遍及世界上的所有海域。大多数的放射虫分布在温暖的海域，赤道附近的放射虫尤其丰富多样，一个普通浴缸盛满的海水（大约半立方米）中生活的放射虫可以达到4万个！在南北极附近的海域，放射虫也和硅藻一起非常繁盛。科学家已经把现代海洋中的放射虫按分布类型划分出了极区带、近极带、亚热带、热带的典型表层组合。由于海面下不同水深处的物理化学条件的变化，放射虫在不同水深处也表现出不同的组合。棘刺虫亚目和泡沫虫类通常仅局限于分布在透光带，而罩笼虫类和褐囊虫亚目则生活在海面下超过2000米深的地方。

放射虫死亡后其硅质壳沉入海底后不易溶解，因而大量富集起来，堆积密度惊人到在火柴盒大小（大约2立方厘米）的沉积物中含有的个体数竟然超过12万个。这些堆积在海底的放射虫壳形成了著名的放射虫软泥，这种软泥覆盖了整个地球海底面积的3.4%。

放射虫的生命历史非常悠久，但是由于棘刺虫亚目和褐囊虫亚目的骨骼结合得很弱，很容易损坏，很难保存成化石，因而在地层中常见的放射虫化石多属于多囊虫亚目。它们在寒武纪出现，到了泥盆纪后期和石炭纪达到繁盛。法国、英国、俄罗斯的乌拉尔地区、北美洲和澳大利亚都盛产放射虫化石。古生代时以泡沫虫类的代表为多，例如在我国广东省曲江县的仁化地区二叠纪早期地层中发现的放射虫岩中，化石就多属于泡沫虫类。

到了中生代，多囊虫亚目中的两类都有发现。三叠纪的放射虫化石比较稀少，但是在我国珠穆朗玛峰附近的三叠纪晚期地层的硅质岩中却发现了泡沫虫类，也发现了罩笼虫类。到了侏罗纪和白垩纪，放射虫发展到了一个新的水平，壳形趋向与复杂化，出现了不少新的类型，分布在特提斯海及环太平洋地区。

新生代是放射虫发展的顶级时期，尤其是在始新世和中新世，放射虫的所有类群都出现了，并在世界各地广泛分布，形成了许多有代表性的化石群。有些科学家对第三纪地层进行的分带就是根据放射虫化石进行的。

知识点

三叠纪

三叠纪是中生代的第一个纪，位于二叠纪和侏罗纪之间，始于距今2.5亿年至2.03亿年，延续了约5000万年。三叠纪初期继承了二叠纪末期干旱的特点；到中、晚期之后，气候向湿热过渡，由此出现了红色岩层含煤沉积、旱生性植物向湿热性植物发展的现象。三叠纪是爬行动物和裸子植物的崛起时期。

结构最简单的多细胞动物海绵

人们通常所用的海绵与海里生活的不可同日而语。也许有人惊奇地问道：“海里还有海绵吗?”其实，生活在海里的海绵才是真正的海绵，人造“海绵”只是仿造了海绵的结构而已。倘若把海绵从水中捞取上来，在海滨挖坑埋藏，待烂掉肉质，剩下纤维状交织的骨骼，再经过漂洗，才是我们日常所见的海绵。生活在海水中的海绵，多数是灰黄色、褐色或黑色的块状物。它的体表有许多凸起，凸起的旁边有许多小孔，凸起的顶端有一个大孔。海水就从小孔流进去，又从大孔流出来，那些微小的生物随着水流进入海绵体内，成为“自投罗网”的食物。所以，海绵虽然被称为“海中的花和果实”，看上去似植物一般，实际上是一种动物。

海绵动物是多细胞动物当中结构最简单、形态最原始的一类，早在寒武纪以前就已经出现并一直繁衍到了现代。海绵动物由单细胞动物演化而来，它们的细胞已经分化了，但是还没有形成组织和器官。海绵动物有单体的，也有群体的，外形多种多样，其中单体海绵有高脚杯形、瓶形、球形和圆柱形等形状。海绵动物的体壁有许多孔，孔内有水道贯穿，体内有一个中央腔，其上端开口形成整个个体的出水孔。

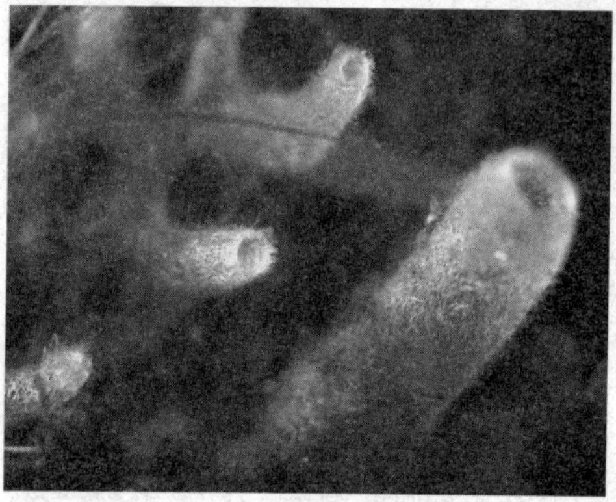

海绵动物

多数的海绵动物具有骨骼。骨骼分两类，一类是针状、刺状的钙质或硅质小骨骼，称为骨针；另一类是有机质成分的丝状骨骼，称为骨丝。骨丝不易被保存成化石，而骨针能够形成化石。有些骨针能够互相穿插形成骨架，这样的骨架形成化石后可以保持海绵体原有的外形。

科学家对海绵动物进行分类的依据主要就是骨骼的性质和成分。一般可以把海绵动物分成 4 个纲：钙质海绵纲、普通海绵纲、六射海绵纲和异射海绵纲。科学家记述的化石海绵动物有 1000 多个属，其中最早的代表有发现于非洲刚果前寒武纪地层中的钙质海绵、俄罗斯卡累利阿和叶尼塞山的元古代中期地层中的硅质海绵的骨针以及我国南方前寒武纪中的零星代表。从寒武纪开始，普通海绵、六射海绵和异射海绵 3 个纲的许多代表就都已经出现了，其中的异射海绵纲在三叠纪中期以后绝灭。钙质海绵则是在泥盆纪时才开始出现。

海绵动物从远古以来生存的领域非常广泛，因此它们的化石能够保存在石灰岩、砂岩、页状白垩层以及深水黏土岩等各种不同的岩石中。由于古生代和中生代的海绵动物经常与珊瑚和腕足类等典型的浅海动物共生，因此科学家一般认为它们在当时主要生活在浅海。新生代海绵动物的生活领域与现代类似，而总的趋势是它们的适应范围越来越大。

现代海绵动物除了普通海绵纲中的单轴滚海绵科生活在淡水水域中外，其他的全都生活在海洋中。钙质海绵的分布可以从滨海水域直到 2195 米深的深海，但是主要分布区是在水深小于 100 米的范围内。海生的普通海绵的分布区是滨海至半深海。六射海绵却基本上生活在深度较大的大陆斜坡及其以下的深海底，水深小于 90 米的海域基本上见不到，在 90 ~ 200 米水深范围内也只能发现少数分子；只有在南极水域的浅海水域生活有少数的六射海绵。

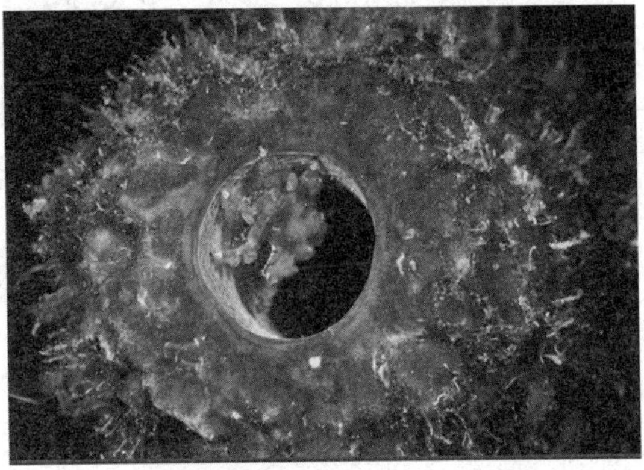

现代海绵动物

现代海绵动物可以在地球上各个纬度的海洋里出现。普通海绵主要分布在温暖海洋，高纬度地区较少见。六射海绵在热带和亚热带海域里较为集中，在印度尼西亚、菲律宾海域和中国南海尤其丰富，少数也分布于南极附近海域。残存的钙质海绵则分布于温热的海域。

在地球上的海洋里，至少有 9000 种海绵。有的海绵甚至生活在淡水中。它们靠身上的小孔，从成吨的海水中过滤到几克微薄的营养物质维持生命。海绵是多细胞生物，虽然有些海绵有玻璃一样的骨骼。但是总体上看，海绵没有组织、肌肉、器官、神经、大脑这些要件。海绵细胞的主要成分是碳酸钙或碳酸硅以及大量的胶原质。在海绵的管壁上，长有摆动的长须，长须能从海水中滤掉废物，留下营养。不论海绵的体积多大，所需要的食物只要能满足每一个细胞就够了，并不贪婪。当然，海绵中也有“凶猛”者。在夏威夷生长的火海绵能够分泌毒液，给其他动物造成剧痛；生长在地中海的一种海绵，则具备诱骗小甲壳类动物的能力，能够伸出锋利的刺把它们团团围住，饱餐一顿。

海绵也是最早的有性繁殖生物，大多数的海绵都是雌雄同体的，能够同时产生卵子和精子并排入水中。精子会一直在海水中遨游，直到找到另一个海绵管道的接收入口。海绵的多情还表现在：它还有另外一种生殖方式——

如果一块海绵遭受外力破坏，被拆散了的细胞会在海水中寻找同伴，然后重新聚在一起，仿制出一块与它们父母辈相同的海绵。海绵受伤以后，不会用新细胞代替旧细胞的方式愈合伤口，而是调动旧的细胞到创伤处，阻止伤口进一步蔓延。就这样，海绵很潇洒地生活在水下，并为周围成千上万种生物提供庇护所。

古希腊人、古罗马人和我国古代劳动人民很早就认识和采集海绵动物，特别是浴用海绵，网孔细，弹力强，吸水性好，可以用于洗澡擦身、洗碗等，后来又在工艺、医学和日常生活方面展现了越来越多的广泛用途，如做油漆刷子，用作钢盔的衬垫和其他垫子，烧成灰能治疗脚痛等。在地中海、红海和美洲沿海等地，人工养殖海绵动物业十分发达，人们将海绵切割成块，用绳系在架上，投入海中，2～3 年就可收获大批海绵了。不过，随着人造海绵业的发展，已经使得海绵动物养殖业日趋衰落。但是随着科学技术的不断发展，人们又发现了海绵动物新的价值，例如有人正在研究用海绵净化海水，以达到维持海洋环境生态平衡的目的。

科学家还发现海绵体内的毒素可以用来制药，治疗肿瘤、心血管和呼吸系统等疾病。目前，海绵是发现海洋活性物质最丰富的海洋生物，已经成为海洋药物开发的重要资源。

原始无脊椎动物珊瑚

在祖国大陆的海南岛的南面里有一群美丽的岛屿，像一颗颗玉珠一样散布在南海里，它们的名字千百年来就被中国人叫做东沙群岛、西沙群岛、中沙群岛和南沙群岛，它们是祖国不可分割的一部分。但是你知道这些岛屿是怎样形成的吗？有趣的是，它们竟然是许许多多微小、原始的海洋生物在漫长的地质历史年代里日积月累地形成的。地质学家通过考察和研究证明，这些岛屿是由一些特殊成因的礁石构成的，而制造这些礁石的生物就是珊瑚。

珊瑚是一类生活在海洋里的原始无脊椎动物，包括现代的海葵、石珊瑚、红珊瑚以及已经灭绝了的四射珊瑚、横板珊瑚等。整个珊瑚家族组成了腔肠动物门中的一个纲，称为珊瑚纲，分为横板珊瑚亚纲、四射珊瑚亚纲、六射珊瑚亚纲和八射珊瑚亚纲共 4 个亚纲。其中，横板珊瑚最为古老，绝大多数都生活在寒武纪晚期到三叠纪，只有其中叫做刺毛类的一个小类群延续到了第三纪才绝灭；四射珊瑚生活的时间比较短，只分布在奥陶纪中期到二叠纪；而六射珊瑚和八射珊瑚则从三叠纪出现开始一直生存到了现代。不过，也有一些科学家报道说，八射珊瑚的出现历史可以远远地追溯到泥盆纪甚至前寒武纪末期。

古生物学家发现，古生代和中生代的珊瑚礁也相当发育，而通过对这些古代珊瑚礁分布规律的研究发现，地球的赤道在漫长的地质年代里在不断地发生着变化，其位置随着时代的推移在有规律地向南转移。非造礁珊瑚适应的范围较广，一般多生活在温度为 4.5℃ ~ 10℃ 的海水中，个别种类甚至在 -1.1℃的海水中也能生活。它们在浅海、深海里都有分布，有些甚至可以生活在 6000 米深的海底。

造礁珊瑚死亡以后，其骨骼能够形成坚硬的生物岩体。随后生活的新的造礁珊瑚在这样的岩体上继续生活、死亡，又留下新的生物岩体堆叠在旧的生物岩体之上。久而久之，生物岩体最终堆积成了珊瑚礁。现代的珊瑚礁按照地理位置可以分为岸礁、堡礁和环礁。岸礁是紧靠海岸生长的珊瑚礁；堡礁离海岸则有一定的距离；而环礁通常呈圆形或马蹄形，中央有一个浅浅的泻湖。这 3 种主要的珊瑚礁类型实际上代表了下沉的火山岛周围珊瑚生长的

海中珊瑚

连续阶段。热带岛国马尔代夫，完全由珊瑚礁岛屿组成。

一些科学家认为，珊瑚外壁表面的生长线的生长规律与季节性的温度变化和营养物质供应情况的周期性变化有关，因而把这种生长线与时间概念联系了起来。现代珊瑚的生长线是每昼夜生长一圈，每28圈生长线构成一个生长带，也就是相当于一个阴历月的周期。通过对各个地质时期的四射珊瑚化石生长线的观察和计算，古生物学家推算出了与天文方法的计算基本相符的时间数字。泥盆纪的四射珊瑚每年有400圈左右的生长线，石炭纪则为385圈～390圈，这表明地质时期从古到今一年中的天数在逐渐减少，而一天的时数却在逐渐增加。这样的结果证明了地球自转的速度在有规律地变慢！小小的珊瑚，竟然还能作为记录地质历史过程中的时间的钟呢！

像百合花样美丽的动物——海百合

有一种生活在幽深海底的，形态同百合花那样美丽的动物，人们叫它"海百合"。海百合属于海洋棘皮动物，它并不像陆地上的百合花一样是植物，并且不能够离开海水生活。不过它漂亮的外表倒是和百合花相近，因此人们给它起了个植物的名字。古生代和中生代的海百合，大多在浅海底栖。海百合类最早出现于距今约4.8亿年前的奥陶纪早朝，在漫长的地质历史时期中，曾经几度（石炭纪和二叠纪）繁荣。

海百合在死亡以后，这些钙质茎、萼很容易保存下来成为化石，由于海水的扰动，使这些茎和萼总是散乱地保存，失去了百合花似的美丽姿态。但如果它们恰好生活在特别平静的海底，死亡以后，它们的姿态就会完整地保存下来，成为化石，由于这种环境比较苛刻，所以这样的化石十分珍贵，不仅为地质历史时期的古环境研究提供重要的证据，也逐渐成为化石收藏家的珍品，甚至被当做工艺品摆放。在海百合类繁盛时期形成的海相沉积岩中，海百合化石非常丰富，甚至可以成为建造石灰岩的主要成分，但所见到的，多为分散的茎环。海百合化石的主要成分是单晶的方解石，通常是白色的，有时会混入三价铁离子，呈现鲜艳的红色，在青灰色围岩的衬托下十分美丽。含海百合化石十分丰富的灰岩被地质学家称为海百合茎灰岩，一些当地的居

“海中仙女”海百合

民，开采出这些岩石，磨制成各种各样的工艺品，美其名曰“百合玉”，深受人们的喜欢。

海百合一辈子扎根海底，不能行走。它们常遭鱼群蹂躏，一些被咬断茎秆，一些被吃掉花儿，落下悲惨的结局。在弱肉强食、竞争险恶的大海中，曾有一批批被咬断茎秆，仅留下花儿的海百合，大难不死存活下来。因为它们终归不是植物，茎秆在它们的生活中，并不是那么生死攸关。这种没柄的海百合，五彩缤纷，悠悠荡荡，四处漂流，被人称做“海中仙女”。生物学家给它另起美名——“羽星”。羽星体含毒素，许多鱼儿不敢碰它。可仍有一些不怕毒素的鱼，对它们毫不留情，狠下毒手。为了生存，它们只好大白天钻进石缝里躲藏起来；入夜才偷偷摸摸成群出洞，翩翩起舞。它们捕食的方法，还是老样子——腕枝迎向水流，平展开来，像一张蜘蛛的捕虫网，守株待兔，专等送食上门。

由于羽星可自由行动，身体又能随环境改变颜色，它们便成了海百合家族中的旺族，现存 480 多种。它们喜欢以珊瑚礁为家，因为那儿海水温暖，生物种类繁多，求食也容易。而那种有柄的海百合，适应能力差，不能有效保护自己，数量也就日渐稀少，现存仅 70 来种。没准儿百年之后，它们便会给鱼儿吃得一个不剩，永远从大海里消失！

志留纪时期的无脊椎动物

志留纪的无脊椎动物，大致继承着奥陶纪类群的面貌，虽说稍有差异，但看不出明显激烈的演变。

笔石仍然是志留纪的重要生物之一。在奥陶纪盛极一时的双列型笔石，大都高度特化，如细网笔石。单列型的笔石则特别繁众。广泛分布，形态多变，如孔笔石、花瓣笔石、螺旋笔石、单笔石等。

志留纪是珊瑚类大发展的时期，出现了许多新的科、属。床板珊瑚以蜂巢珊瑚、链珊瑚等为主；单体四射珊瑚，除单带型以外，还产生了变双型的，如拟包珊瑚、泡沫链珊瑚；复体四射珊瑚有十字珊瑚、古珊瑚等。

海蕾开始出现，海林檎较为众多。海百合却相反，繁盛多彩，分枝演变，它们的钙质骨瓣形成奇特排列组合，如大竹海百合、螺旋海百合、花瓣海百合等。志留纪海百合的茎柄大都是细长的，环节贯连，冠部或如花苞，或似果蕾，清澈的水底遍布着这类（水百合花），确实增加了美丽壮观的色彩。

三叶虫类在志留纪渐趋减少，若干科、属灭绝消失，但数量上仍然是多的。有的头、胸、尾还是明显的三分形式，光滑无饰；有的则头部遍布瘤粒，胸、尾、肋的节数较多，形态相当美丽，如王冠虫；有的为了增加抗敌器官，全壳遍布棘刺，如角头虫；壳头卷曲呈球状的隐头虫，继续繁盛。

介形类的演变不太明显，仍以个体巨大，壳面光滑，仅具隆脊或凹槽的属群为多。

层孔虫类虽初见于奥陶纪，但志留纪较繁盛。一般多呈团块状，偶亦形成礁头，主要的有纲格层孔虫、蜂巢层孔虫等。

志留纪的早、中期，苔藓虫继续洐演育，种类增多，常见的是具多数细弱分枝的群体类型。

腕足动物在志留纪依然占有重要地位，已出现于奥陶纪的类群继续发展，同时还产生了若干新的科、属。概括地讲，正形贝类趋于衰退，残存的是铰合线短、贝体圆形的德姆贝类；扭月贝类除小苏维伯贝、薄皮贝外，还出现了铰缘具列齿的类型，如腹壳凸的齿扭贝和背壳凸的小形贝；小嘴贝类仍是多种多样，主要有盖嘴贝、超嘴贝、五房贝、肋房贝、斯特兰贝等。另外，无洞贝和始石燕等是较为重要的代表。

瓣鳃类在数量上虽有所增多，但属群基本上与奥陶纪的相近似，没有特殊差别。如轴唇厚、窄脐的异唇螺，缝合线深、螺环中部具裂带的荣房螺。头足类的鹦鹉螺群，在志留纪发展到高峰，一般壳体较小。外形多变，如六裂角石、斜轮角石等。

裸蕨植物和鱼类时期

LUOJUE ZHIWU HE YULEI SHIQI

裸蕨植物因无叶而得此名。裸蕨植物曾在距今3.9~3.7亿年前的早、中泥盆纪盛极一时，广布全球，是当时陆生植物的优势种，直到距今3.6亿年的晚泥盆纪才趋于绝灭。在所有的陆生高等植物中，除了苔藓植物以外，都是直接或间接起源于裸蕨植物，没有任何一种陆生维管植物能够绕过裸蕨植物而直接发源于水生藻类的。因此，裸蕨植物在植物界的系统发育中，上承生活在水中的藻类，下启陆生的蕨类和前裸子植物，是植物界系统演化中的主干。

鱼类起源很早，最早的鱼类星甲鱼出现于距今4亿年的奥陶纪。鱼类的出现标志着从低等、无颌、原始的无脊椎动物向有颌的脊椎动物进化的一个飞跃。

海陆环境巨变促进生物演化

脊椎动物虽然在距今5.3亿年的早寒武世就已出现，但很长一段时间里，这些全身裸露的原始鱼形动物并未得到发展，古海洋中仍然是无脊椎动物的天下。距今4.4亿年的奥陶纪末期，由于大规模的冰川活动，地球上发生了一次生物大灭绝事件。躲过这场浩劫的古鱼类在志留纪时开始了分化，泥盆纪时达到了演化的鼎盛时期。因此，志留纪和泥盆纪被称为“鱼类时代”。

志留纪生物群

志留纪三分性质比较显著。一般来说，早志留世到处形成海侵，中志留世海侵达到顶峰，晚志留世各地有不同程度的海退和陆地上升，表现了一个巨大的海侵旋回。志留纪晚期，地壳运动强烈，古大西洋闭合，一些板块间发生碰撞，导致一些地槽褶皱升起，古地理面貌巨变，大陆面积显著扩大，生物界也发生了巨大的演变，这一切都标志着地壳历史发展到了转折时期。志留纪的生物面貌与奥陶纪相比，有了进一步的发展和变化。植物方面除了海生藻类仍然繁盛以外，晚志留世末期，陆生植物中的裸蕨植物首次出现，植物终于从水中开始向陆地发展，这是生物演化的又一重大事件。

志留纪：生命在海洋中生，在海洋中发展壮大。在4亿多年前的志留纪，水域中的生物千姿百态，热闹非凡，植物已发展到大海藻，动物发展到低等的脊椎动物鱼类。而陆地上的生命却十分罕见，几乎到处是光山秃岭，一片荒凉。末期，由于地壳剧烈运动，地球表面普遍出现了海退现象，不少水域变成了陆地，有的海底崛起成了高山。沧海巨变，对水中的生物产生了巨大的影响。

泥盆纪是晚古生代的第一个纪，开始于距今4.1亿年，延续了约5500万年。泥盆纪古地理面貌较早古生代有了巨大的改变。表现为陆地面积的扩大，陆相地层的发育，生物界的面貌也发生了巨大的变革。陆生植物、鱼形动物空前发展。早泥盆世裸蕨植物较为繁盛，有少量的石松类植物，多为形态简单、个体不大的草本类型；中泥盆世裸蕨植物仍占优势，但原始的石松植物更发达，出现了原始的楔叶植物和最原始的真蕨植物；晚泥盆世到来时，裸蕨植物濒于灭亡，石松类继续繁盛，节蕨类、原始楔叶植物获得发展，新的真蕨类和种子蕨类开始出现。

泥盆纪生物群

知识点

奥陶纪

奥陶纪是古生代第二个纪，约开始于5亿年前，结束于4.4亿年前，延续约6500万年。在此期间形成的地层称奥陶纪，位于寒武纪之上，志留纪之下。奥陶纪分早、中、晚三个世。奥陶纪是地球演化史上海侵最广泛的时期之一，在板块内部的地台区，海水广布。奥陶纪的生物界较寒武纪更为繁盛，海生无脊椎动物空前发展，其中以笔石、三叶虫、鹦鹉螺类和腕足类最为重要。腔肠动物中的珊瑚、层孔虫，节肢动物中的介形虫、苔藓动物等也开始大量出现。

裸蕨型植物的出现和发展

裸蕨植物目前所知最早出现于志留纪晚期，到了泥盆纪时达于繁盛，是当时陆地上最具优势的陆生植物，分布世界各地。

最初出现的裸蕨植物既无叶也无根，在地上茎直立，比较细弱，茎呈两歧式分枝，下端有毛发状的假根，能吸收土壤里的水分和无机养料，还加强了植物体的支撑和固着。茎的中央有极其简单的维管束组织，用作输送水分和养料。它们枝轴的表面生有角质层和气孔，可以调节水分的蒸腾，分枝的顶端产生孢子囊。孢子外面具有坚韧的外壁，以利于孢子的传播，同时也不易受到损伤或因过度蒸发而干涸。虽然和现代的高等植物相比，这些器官显得十分简单和原始，不过裸蕨植物正是凭借这种组织器官，成功克服了它们在陆地上生存中所面临的一些主要问题，并为继续衍生出越来越高等的陆生植物奠定了基础。

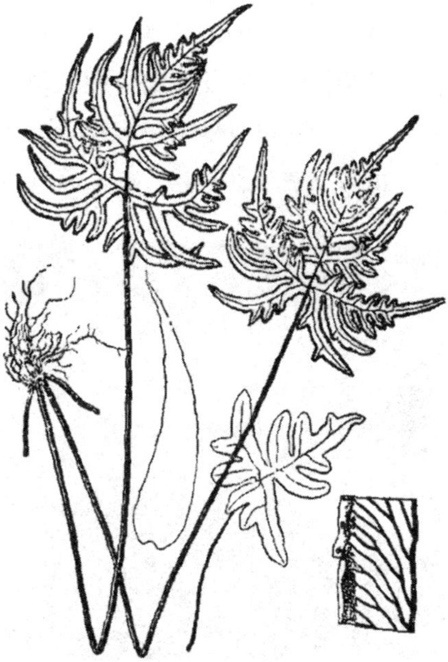

早期裸蕨植物

裸蕨型植物的代表为裸蕨。它的主轴比较粗壮，并常呈假单轴式的分枝，侧枝二歧式，分枝次数较多，生殖细枝末端顶生着很多成对的或小束状的孢子囊，它的主轴明显地比侧枝粗，外部形态比瑞尼蕨型复杂。裸蕨的维管束木质部和主轴的直径相比，已经粗大得多了，从木质部的结构多少可以说明它和瑞尼蕨型植物的某些渊源关系。这也就是说，裸蕨型植物发源于瑞尼蕨的原始类型。

从裸蕨的形态结构和由几层厚壁细胞组成的外皮层，都说明足够支撑一个相当大的植物体了。裸蕨的孢子囊可纵向开裂以传播孢子，这是比较进步的。它是裸蕨型植物中最高级的类型。值得我们特别注意的是，在裸蕨型植物中，有一种叫三枝蕨（Trimerophyton robustus）的裸蕨型植物，它生存于早泥盆纪末，在它的主轴上长着螺旋状排列的侧枝，侧枝从主轴长出后，很快就发生一次相等的三叉式分枝，这种三叉式的每小枝向前长出不远，就又发生一次不等的三叉式分枝和两次二歧式分枝，然后在每个末级细枝顶端，生长成对的或3个彼此紧靠成束的孢子囊。从三枝蕨的分枝形式和顶生成束的孢子囊以及所在的地质时代，无不说明它和其他裸蕨型植物具有密切的关系。但是植物体已很粗壮，加上枝轴形态结构特别复杂，则为一般裸蕨型植物所不及，因而它很像是裸蕨植物与更高级的维管植物之间的过渡植物或中间类型。由此发展为真蕨类（Filicinae）和前裸子植物，后者再进一步演化为各类裸子植物。

苔　藓

可以这样说，所有的陆生高等植物，除了苔藓植物外，都是直接或间接起源于裸蕨植物，没有任何一种陆生维管植物能够绕过裸蕨植物而直接发源于水生藻类的。因此，裸蕨植物在植物界的系统发育中，上承生活在水中的藻类，下启陆生的蕨类和前裸子植物，是植物界系统演化中的主干。

知识点

苔藓植物

苔藓植物是绿色无种子的绿色植物，全世界约23000种，我国约有2800种，药用的有21科，43种。根据其营养体的形态结构，通常分为两大类，即苔纲和藓纲，但也有人把苔藓植物分为苔纲、角苔纲和藓纲等三纲。大部分苔藓植物高2～5厘米，少数种高达30厘米。苔藓植物广布世界各地，从极地到热带均可见，在潮湿的环境中最为繁茂。

古代鱼类的种类和进化情况

鱼的起源很早，在世界上还没有人类的时候，鱼类就生活在海洋里了。

虽然在数亿年的演化过程中有一些古老的种类已经灭绝，但另有其他新兴的种类继之产生。据考古发现，鱼最初发现于距今4亿年的奥陶纪地层，但所得到的那时鱼类的化石是不完整的，一直到了志留纪晚期，才完整地获取了关于化石及早期脊椎动物关系的概念。泥盆纪时，各种古今鱼均已出现。泥盆纪时代既可谓是鱼的初生年代，也是鱼的极盛时代，当时，由于其他的脊椎动物还不多，所以有人把泥盆纪称为“鱼的时代”。到了新生代，各群鱼类十分繁多，成为脊椎动物中最大的类群，为鱼类的发展史中的全盛时代。

从泥盆纪所取得的化石分析，古代鱼类可分为4大类：无颌类、盾皮类、软骨鱼类及硬骨鱼类。无颌类动物在志留纪及泥盆纪中最多，被公认为是最早的脊椎动物，化石的无颌类的身体几乎被厚硬骨板及硬的东西包被，故称为甲胄鱼类。盾皮鱼类是最早的有颌类，它们在泥盆纪时盛极一时，但到了末期则大部分绝灭。有人认为软骨鱼类及硬骨鱼类是由盾皮类沿两个方向演变而来，但至今仍无证据证实。软骨鱼类被认为是最“原始”的鱼类，但一般认为软骨鱼类与硬骨鱼类是两支平行发展的分支。最早的硬骨鱼类是古鳕类，再由此演变为现存的绝大多数的硬骨鱼类。硬骨鱼类中的内鼻孔鱼类的典型原始类型代表是双鳍鱼与和骨鳞鱼，后者是最早的泥盆纪的总鳍鱼类。而总鳍鱼类又被认为是最早的两栖类的直接祖先。

1938年12月22日，有人在非洲东南沿岸捕到一条大鱼，其身长1.5米，重58千克，后经专家研究与确认，认为这条鱼应属总鳍目的一个新的科，至此，人们终于把已绝迹的鱼找了回来，后来此鱼被命名为拉蒂迈鱼（矛尾鱼）。矛尾鱼这种活化石的出现给了我们很大的启示。大家都知道，人类是经过漫长的历程进化而来的；鱼类上陆进化为两栖类，然后完全脱离水域进化为陆地的爬行类和哺乳类，最后才进化为人类。具体地说，总鳍鱼类分为两支，其中一支（骨鳞鱼类）脱离了水域。逐步进化为人；另一支比较保守（空棘鱼类），始终没有离开水。现在的矛尾鱼类就是后者的后代。矛尾鱼这种活化石为我们提供许多无法从化石材料中获取的情况。

在脊椎动物5大类中，鱼类是最低等的，在地球上出现的时间也最早。我们对现生鱼类都较熟悉，但对地质史上的早期鱼类以及它们如何进化为现在鱼类，就比较生疏了。现在让我们顺着时间的长河，向前追溯。现知最早的鱼类化石，发现于距今约5亿年前的寒武纪晚期地层中，但只是一些零散的鳞片，未能给我们一个有关鱼类身态的轮廓。到距今4亿~3.5亿年前的志留纪晚期和泥盆纪时，才有大量鱼化石被发现。这些鱼化石，有的在构造特征上彼此已很不一样，说明当时已有多类鱼类存在。很可能，在有化石记录之前，它们业已分道扬镳，在各自进化途径上走过了一段相当长的路程。

最早出现的鱼类是无颌鱼类。顾名思义，它们还没有上、下颌，只有一个漏斗式的口位于身体前端。这种口，不能主动摄食，只有靠水流把微小生物带进口内。再者是它们没有腹鳍，但有膜质的外骨骼，包裹在身体外边。所以无颌鱼类又有甲胄鱼类之称。由于这外骨骼的存在，曾引起有关学者的一番争论：到底是软骨在先还是硬骨在先？

无颌鱼类包括迥然不同两大类：头甲类和鳍甲类，每类又各有分支，有不同类型的形形色色代表，也曾繁盛一时。但好景不长，到泥盆纪中期（距今约3.5亿年前），它们绝大多数绝灭了。只因现生的七鳃鳗和盲鳗的某些特征与头甲类的一致，学者揣测，前者有可能是后者的现生代表。按此，头甲类应还没最后绝灭。可是，从头甲类到七鳃鳗和盲鳗之间，从泥盆纪到现代3亿多年里，都没发现它们的中间环节。究竟这些营寄生生活的现代无颌鱼类是如何从身披甲胄的祖先进化来的，还是一桩悬案。鳍甲类无现生代表，被认为是已绝灭的类别。但是，由于鳍甲类中的异甲类的某些特征与后期有颌鱼类的近似，有人说，异甲类可能是有颌鱼类的远祖。对此，尚需更多的论证。

板鳃类也称软骨鱼类，包括鲨类和全头类。鲨类常被认为是比较原始的鱼类，因为它们具软骨骨骼。软骨在先，硬骨在后。但也有人认为鲨类的软骨是次生性的，是由硬骨“退化”来的，硬骨在先，软骨在后。

最早的软骨鱼类出现于泥盆纪早期（距今3.8亿年前），裂口鲨常被视为最原始代表之一，并很可能是所有鲨类的祖先。两个背鳍，第一背鳍前有一粗壮的背刺。胸鳍特别大，腹鳍小。尾鳍外形上、下叶对称，内部构造上脊柱却一直伸到尾鳍上叶的末端，故仍为歪形尾。偶鳍基部宽，末端尖，为原始类型的鳍。牙齿“笔架”形，中央的齿尖高，两侧的低。从裂口鲨这种近似软骨鱼类中心基干出发，进化出后期的各种鲨类，包括典型的鲨类和身体扁平的鳐类。这些鲨类从中生代到现在一直生活在海洋中，既没有特别昌盛过，但也没有被淘汰。

远古海洋中的甲胄鱼类

在4.3亿年前的志留纪，最早分化的是甲胄鱼类。这是一些全身披上“甲胄”的古鱼类。当然，这里所说的“甲胄”，并非古代将士戴在头上的头盔和披在身上的金属护身衣，而是一种含钙质成分的骨质甲片。甲胄鱼类属于脊椎动物的最原始类型——无颌类，它们还没有演化出上下颌，没有骨质的中轴骨骼或脊柱，通常靠滤食海洋中的小型生物或微生物为生，有时候可以吮食大型动物的尸体，主动捕食能力非常差。

甲胄鱼类主要包括3个大的演化支系：骨甲鱼类、异甲鱼类和盔甲鱼类。前两个支系分布在欧洲、北美和西伯利亚等地，而盔甲鱼类为中国和越南所特有。盔甲鱼类身长一般不超过30厘米，一块完整的盾状甲包裹着头的背面，并折向腹面形成腹环。眼睛长在头甲的背面或侧面；鼻孔有细长形的、横椭圆形的和心形的，大小不等，但无一例外在头甲的背面。

口与数目不等的鳃孔则长在头的腹面。有的头甲还“装备”很长的吻突，可以用来进攻、恐吓其他动物，或者用来挖掘水底的淤泥。盔甲鱼类有一个尾鳍，但没有成对的胸鳍或腹鳍。它们是一种底栖的脊椎动物，生活在滨海或与海相连的河口之中，迁徙能力很差，可以为恢复古地理环境提供重要证据。

从无颌类衍生出来的是有颌脊椎动物，包括4个大的类群，即盾皮鱼类、棘鱼类、软骨鱼类和硬骨鱼类。颌的出现是生命史中的一次革命性的事件。由鳃弓演变过来的上下颌提高了鱼类的取食和咀嚼功能，因而增强了它们的生存竞争能力。以恐鱼为代表的盾皮鱼类也是一种戴盔披甲的鱼类，泥盆纪时曾盛极一时。3.6亿年前的古海洋中，身长10米的恐鱼是一个巨无霸。它的头和躯干的前部都披有厚重的“甲胄”，甲胄长度可达3米。上下颌强壮的骨板，形成了剪刀式的锐利刀刃。凡是被恐鱼捕捉到的其他鱼类，都很难逃脱被吃掉的厄运。盾皮鱼类笨重的甲胄虽然可起到自我保护作用，但付出了灵活性降低的代价。在生命史中，盾皮鱼类虽成为了泥盆纪古海洋的主宰，但终究是昙花一现，在3.5亿年前泥盆纪结束的时候，与它们的祖先甲胄鱼类一道全部退出了演化的舞台。

棘鱼类是另一类古老的鱼类，长得像黄花鱼，个体也不大，体长不超过30厘米。它的鳍非常特殊，与任何鱼类的鳍都不一样，所有鳍叶的前方都有一根相当强壮的鳍刺，其上还有像雕刻出来的纵向花纹。沿身体的腹侧，在胸鳍和腹鳍之间，还有几对附加的小鳍，同样由鳍刺支持。“棘鱼”的名字也由此而来。棘鱼类始终没有真正发展起来，在4亿年前曾达到其演化的顶峰，之后逐渐衰落，到2.7亿年前的古生代末期全部灭绝。

知识点

泥盆纪

泥盆纪距今4亿~3.6亿年前，是晚古生代的第一个纪，从距今4亿年前开始，延续了4000万年之久，是早古生代加里东运动影响的结果。同时，从泥盆纪开始，地球又开始发生了海西运动。因此，泥盆纪时许多地区升起，露出海面成为陆地，古地理面貌与早古生代相比有很大的变化。在泥盆纪里蕨类植物繁盛，昆虫和两栖类兴起。脊椎动物进入飞跃发展时期，鱼形动物数量和种类增多，现代鱼类——硬骨鱼开始发展。

鱼类“活化石”——拉蒂迈鱼

1938年12月22日，在南非小镇东伦敦海港的一条渔船上，一位在当地博物馆工作的年轻女孩拉蒂迈仔细地挑拣着海洋生物标本，突然她眼睛一亮，一个20世纪生物学上最富有传奇色彩的海洋探险故事拉开了序幕。让拉蒂迈小姐兴奋的是一条全身闪耀着逼人蓝光的怪鱼，与所有现存的鱼类不同，这条鱼身上覆盖着坚硬的鳞片，其肉质肢体状的鱼鳍，很容易让人联想到陆生脊椎动物的四肢。

拉蒂迈把鱼运回了博物馆，请人鉴定，可谁都不认识，博物馆客座鱼类学家史密斯博士又恰巧外出度假。圣诞节前夕的南非天气炎热、潮湿，鱼身美丽的蓝色开始褪成褐色，如何保存这条大约1.5米长的怪鱼成为一个棘手的问题。镇上只有太平间和食物冷冻库具有足以容纳这条大鱼的冷藏设备。在请求帮助都遭到婉言拒绝后，拉蒂迈找来了少许福尔马林，用它将报纸浸湿后包裹鱼身，以延缓鱼体的变质。12天之后，拉蒂迈的信终于到了史密斯的手中。透过拉蒂迈所画的粗略素描，史密斯一眼就认出，这是一类生活在远古时代的鱼——空棘鱼，它们在大约6500万年前就同恐龙一起灭绝了，人们对它们的了解也仅限于留在岩石上的片断记录。史密斯简直不敢相信自己的判断，立即拍电报给拉蒂迈，让她精心保管标本。遗憾的是，史密斯担心的最坏情况已经发生了。蓝色的怪鱼已成为一具剥制标本，只保留下来皮肤和内部骨骼，而内部器官与组织都作为垃圾倾倒到印度洋中去了。后来，这条鱼被命名为拉蒂迈鱼。

拉蒂迈鱼标本及其化石

空棘鱼“起死回生”的故事，很快在全世界掀起波澜，英国《自然》杂志在报道这一发现时，开篇用了古罗马博物学家普林尼的一句话：“非洲总是可以发现新东西。”第一条拉蒂迈鱼是在南非查郎那河河口外捕获的，当地水深约70米。为了寻找第二条拉蒂迈鱼，史密斯夫妇花费了整整14年时间，走访了非洲东海岸所有的小渔村，并四处悬赏。1952年，又是一个圣诞节前夕，拉蒂迈鱼在科摩罗群岛终于再次现身。为了尽快获得这条鱼，史密斯甚至惊动了当时的南非总理，动用军用直升飞机，最后还差点引起南非与法国间的纠纷，因为科摩罗当时是法国殖民地。以后在科摩罗海域有近200条拉蒂迈鱼被捕获。科摩罗政府赠送给中国4条，分别收藏在中国科学院古脊椎动物与古人类研究所古动物馆、中国科学院水生生物研究所标本馆、上海自

空棘鱼

然博物馆和北京自然博物馆。1997年，在距科摩罗有半个地球远的印度尼西亚，拉蒂迈鱼再一次被蜜月旅行中的美国青年尔德曼偶然发现，拉蒂迈鱼的地理分布也成为新的需要解答的谜团。

有关追踪拉蒂迈鱼的故事很多，每一位见过拉蒂迈鱼的人，都会被它深深吸引。是拉蒂迈鱼把我们带回到逝去的年代，告诉我们4亿年前我们的祖先是什么模样，它们在水中是怎样生活的。

4.1亿～3.8亿年前，地球上最高等的动物是在水中漫游的肉鳍鱼类，包括人类在内的四足动物就是从这类鱼中演化而来的。肉鳍鱼类与形态各异、种属繁多的辐鳍鱼类，同属于硬骨鱼纲中两个独立的亚纲。肉鳍鱼类虽然直接关系到四足动物的起源，然而现生种类却非常有限。在拉蒂迈鱼被发现之前，我们只知道3种生活在南半球的肺鱼，其他资料都来自化石记录。空棘鱼是肉鳍鱼类中非常保守的一个支系，在演化的历史长河中，它们的体形几乎没有太大的改变。这也是史密斯根据一张草图就能辨认出拉蒂迈鱼是空棘鱼，并称它为“活化石”的原因。

肺鱼和窄棘鱼都属于从鱼类到陆生脊椎动物演化主干上偏离出去的支系。处于主干上的是肉鳍鱼类中已经灭绝的支系——扇骨鱼类，包括孔鳞鱼类和骨鳞鱼类。其支撑胸鳍和腹鳍的内骨骼，已开始朝着早期四足动物四肢的方向发展。斑鳞鱼与无孔鱼是迄今所知最原始的肉鳍鱼类，它们的发现，进一步证明了中国南方是肉鳍鱼类的起源中心。新发现的这两种古老鱼类兼具肉鳍鱼类和辐鳍鱼类的特征，保留了相当多的硬骨鱼类祖先的特征。它们都处在从鱼类到两栖类最终到人类的演化主干线上。

知识点

肉鳍鱼类

肉鳍鱼类是硬骨鱼纲的一个重要类群（亚纲），包括总鳍鱼类和肺鱼类。由于具有被覆鳞片的肉质叶状偶鳍等性状而有别于硬骨鱼类的主要类群——辐鳍鱼类（亚纲）。由于曾认为肉鳍鱼类具内鼻孔，又称之为内鼻鱼类或叶鳍鱼类。早期肉鳍鱼类一般具有两个背鳍，体被菱形鳞片，尾鳍歪型，偶鳍、背鳍及臀鳍具有发育的肉质鳍基和其中的内骨骼支持。许多种类的鳞片及膜骨表面有光亮的整列层。颅顶骨片表面的整列层有时连成一片，覆盖住骨片间的缝隙。

鱼类进化的重要代表——鱼石螈

在北美洲的东北部，北冰洋和大西洋之间，有一块千里冰冻、银装素裹的土地，这片土地被赋予了一个充满春意的名字——格陵兰岛，按照丹麦语的意思就是“绿色的土地”。格陵兰全岛面积 217 万平方千米，是世界上最大的岛屿。由于地处高纬度地区，大部分土地在北极圈内，格陵兰将近 4/5 的面积为冰盖所覆盖，假如这些冰全部融化的话，地球的海面就会升高 6.5 米。

格陵兰地理上属于北美洲，但长期以来由丹麦、挪威共同管辖。1841 年丹麦、挪威分治后，两个北欧国家曾为该岛的归属问题发生争执。1929 年鱼石螈在格陵兰东海岸被发现，为这场争执火上浇油，最后只好提交海牙国际法庭。1933 年格陵兰被判归丹麦，1979 年以后成为在丹麦王国名义下一个有着特殊地位的国家。

鱼石螈是如何发现的，它的发现为什么如此轰动，有什么科学意义呢？

话要从头说起。与格陵兰岛隔海相望的有北极圈里另一个岛屿——斯瓦尔巴德群岛。1897 年，3 位瑞典人借助热气球从斯瓦尔巴德群岛出发，开始了北极探险，结果人员不幸失踪。此后两个夏季，由瑞典地质学家诺瑟负责又展开了两次搜索行动。第一年，他们在斯瓦尔巴德群岛沿海搜索，没有结果。第二年，他们来到了格陵兰岛的东海岸，在北纬73度附近，登上了人迹罕至的滨岸山地，尔后幸运地发现了一些鱼鳞片和鱼甲片化石。英国著名古生物学家伍德华德对这些化石进行了鉴定，认为是晚泥盆世地层中的肉鳍鱼鳞片和胴甲鱼甲片。1926～1927年，丹麦地质学家科赫博士对格陵兰岛东岸地区，特别是诺瑟发现的泥盆纪地层做了两次考察，但一无所获。1929年，瑞典地质学家库霖博士加盟科赫组织的格陵兰岛科考活动，成功地在Celius Bjerg的北坡采集到一大批脊椎动物化石，这批化石中就包括第一件鱼石螈化石。鱼石螈的发现在国际学术界和公众中引起了极大兴趣，丹麦的媒体将它昵称为“四足鱼”。

远古四足鱼

鱼石螈是一种仍保留了某些鱼类特征的早期两栖类。它看起来有点像今天的蝾螈，长着一个扁平的头，拖着一个长长的尾巴。如果光看尾巴，它更像鱼，有尾鳍，有鱼鳞。但鱼石螈已经能够在陆地上爬行，并能用肺直接从空气中摄取氧气。

根据化石所提供的信息，鱼石螈体长约60～70厘米。它的身体骨骼各部位的比例与海豹十分相似，但比后者小得多。在各种教材和科普读物中，鱼石螈总是被复原为四肢粗壮、四足行走的动物。它的发现为鱼类向两栖类演化学说提供了最重要的化石实证，科学家们也对它充满厚望，希望它成为真正的“四足”动物。但生物的进化远比想象中的复杂，最新的研究成果表明，鱼石螈的后肢并不强壮，它们的主要作用也不是支撑身体和行走，而是像一对划水的桨，用于辅助游泳。根据对鱼石螈骨骼特征的研究，推测在水中它的长尾巴是主要的划水工具，而后肢起着桨和舵的作用；到了岸上，强壮的前肢是真正的运动工具，它们拖着整个身体，包括后肢和尾巴，一点一点向前爬行。也许这个形象与我们想象中的相差甚远，但它的确代表着一个重要的进化环节。

鱼石螈生活的时代距今已有3.6亿年，很长一段时间被认为是最早登陆的脊椎动物，也是泥盆纪四足动物的惟一代表。1952年，与鱼石螈共生的棘螈被描述，格陵兰仍然是泥盆世纪四足动物的惟一产地。古生物学家开始在世界其他地区寻找鱼石螈类化石。1977年，澳大利亚发现了一件被认为是泥盆纪四足动物的下颌标本。此后，比鱼石螈更早的四足动物化石陆续又在俄罗斯、苏格兰、拉脱维亚和美国被发现。这些化石的发现，将四足动物的历史前推了1000多万年，并大大扩展了泥盆纪四足动物的地理分布。

最早的四足动物是从肉鳍鱼亚纲中的骨鳞鱼类演化而来（骨鳞鱼类与四足动物合称四足型动物），因此，探索四足动物的起源过程，一方面是沿着演化谱系向下寻找更原始的四足动物，另一方面是研究仍在水中生活的肉鳍鱼类，尤其是骨鳞鱼类化石。骨鳞鱼类最著名的代表是加拿大发现的真掌鳍鱼。这是一种身体细长、肉食性的鱼类，有两个背鳍和一个上下对称的尾鳍，其头颅、上下颌的骨片式样，与早期两栖类已比较接近，偶鳍（胸鳍和腹鳍）的内部骨骼结构已具备四足动物肢体的雏形。我国虽然还没有发现如真掌鳍鱼那样进步的骨鳞鱼种类，但发现了最原始的骨鳞鱼类（四足型动物）——肯氏鱼。肯氏鱼保留了比较多的早期肉鳍鱼类的原始特征，与斑鳞鱼、杨氏鱼等发现于同一地区（云南曲靖），但生活的时代要稍晚一些，为距今约3.9亿年的早泥盆世晚期。

1929年，是一个值得纪念的“发现”的年份。这一年，在格陵兰发现了鱼石螈，在北京发现了第一个完整的北京猿人头盖骨。在过去的80多年中，早期的四足动物与它们的先驱——骨鳞鱼类化石被不断发现，对它们的研究已大大减少了鱼类与两栖类之间缺失的演化环节，鱼类如何登上陆地的基本格局已初步建立。另一方面，早期四足动物的化石资料仍很不完整，不少难解之谜有待古生物学家们通过新的化石发现来破解。

鱼类自身演化的主干——辐鳍鱼类

在各种有关生物演化的书籍中，介绍辐鳍鱼类的知识不多。实际上，辐鳍鱼类是脊椎动物中演化最为成功的类群之一，而且与人类的日常生活密切相关。

在动物分类上，辐鳍鱼类属于硬骨鱼纲。硬骨鱼纲包括肉鳍鱼和辐鳍鱼两大类，两者的演化历程截然不同。肉鳍鱼类对整个脊椎动物的演化而言，是一个举足轻重的类群，后来出现的四足类脊椎动物，就只从肉鳍鱼类中演化出来的。而辐鳍鱼类则是鱼类自身演化道路上的主干，是地球水域的真正征服者。辐鳍鱼类是当今最为繁盛的脊椎动物。由于每年都有不少新的属种发现，而且还有难以估量的未知种类，如生活在热带淡水水域和深海海域的鱼类，因此谁也无法准确统计出世界上到底有多少种辐鳍鱼类。据纳尔逊 1994 年的资料，现代的已知鱼类约有 24618 种，占脊椎动物物种总数 48170 的一半以上；其中辐鳍鱼类约有 23681 种，占鱼类种数的 96% 以上。如果再加上地质历史时期的化石种类，辐鳍鱼类的数目肯定是大得惊人。据道金斯 1995 年的粗略估计，地球上曾经生活过的物种应在 30 亿种以上，而现今的物种可能不及这一总数的 1% 。

辐鳍鱼类除了属种众多的特点，在形态、栖息地及生活习性等方面，都表现出了极大的多样性。辐鳍鱼类的生活习性也是千奇百怪，鱼类的体形可以从线形到球形，色彩从平淡无奇到艳丽无比，运动姿势从优美动人到丑陋怪异。鱼类的栖息地几乎包了所有能够想象得到的水域环境，从海拔 5000 米以上的青藏高原湖泊到 7000 米以下的大洋深处，从淡水到含盐量达 10% 的卤水，从冰天雪地的南极到水温达 44°C 的温泉。辐鳍鱼类的生活习性也是千奇百怪，居所从定居、洄游到远洋漫游，对后代的抚养从“含在嘴里怕化了”到“危在旦夕”而不顾，与其他生物的关系从平等互利、互不干涉到弱肉强食，不一而论。

我们所知道的世界上最早的辐鳍鱼类化石，发现于晚志留世的地层中，距今已有 4. 2 亿年左右。晚志留世和泥盆纪的辐鳍鱼类还很稀少，目前已知的属种屈指可数。进入早石炭世以后，辐鳍鱼类开始了第一次大发展，迅速辐射发展出许多形态各异的新类群。早期的原始辐鳍鱼类体内骨骼主要是软骨，体表一般披有菱形的厚重鳞片，因此以前把它们泛称为软骨硬鳞鱼类。在古生代与中生代之交，辐鳍鱼类经历了一次重要的新老更替。大约有近20科的古老鱼类在交替之际灭绝，同时约有大致等同数目的新类群产生。早中生代三叠纪的鱼类大多不同程度地具有一些比古老软骨硬鳞鱼类进步的特征，如上颌从固定逐步转为可以活动，尾鳍从歪型尾到半歪型尾等。但是，三叠纪鱼类大部分仍是过渡性质的鱼类，不少类群仅限于三叠纪，有的可延续到早侏罗世。

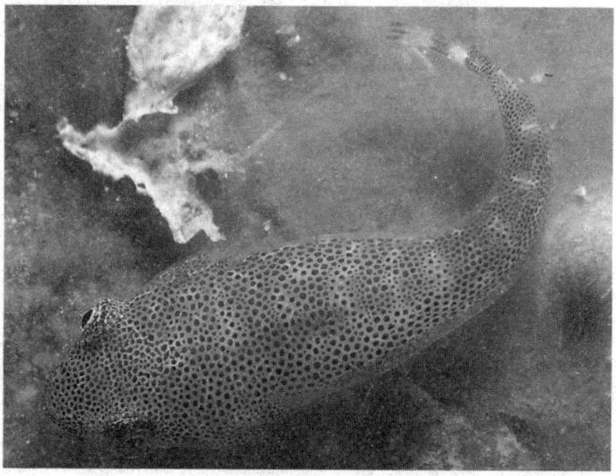
喉盘鱼

中生代时期占主导地位的辐鳍鱼类是所谓的全骨鱼类。全骨鱼类虽然体表仍然披有菱形硬鳞，但体内已有不少软骨骨化，头部骨骼，尤其是上下颌和颊部骨骼发生了巨大的结构变化，尾鳍一般是半歪型尾，有的甚至已经是正型尾。全骨鱼类从晚二叠世开始出现，晚三叠世到早白垩世较为繁盛，除了雀鳝和弓鳍鱼延续至今，其余约120属均已灭绝。

辐鳍鱼类中真正取得巨大成功的鱼类是真骨鱼类。与所谓的软骨硬鳞鱼类和全骨鱼类不同，真骨鱼类是严格按照鱼类的系统发育关系确立的自然类群。现今的真骨鱼类主要是依据尾骨骼和前上颌骨等几个特征定义的，因而除了传统含义的真骨鱼外，还包括了一部分原来归入全骨鱼类的类群，如叉鳞鱼类、针吻鱼类、厚柄鱼类。但绝大多数真骨鱼类明显有别于其他辐鳍鱼类的特征，还是体内软骨大多已骨化，体表鳞片为柔软薄扁富有弹性的骨鳞，尾鳍为正型尾。

真骨鱼类从晚三叠世开始出现，侏罗纪和白垩纪早期主要是原来归入全骨鱼类的一些类群较为繁盛，白垩纪晚期出现了不少传统真骨鱼类的早期类群，但新生代才是真骨鱼类爆发式辐射发展的阶段。据帕特森1993年发表的统计资料，真骨鱼类包括494科，其中灭绝的有69科，现生的425科。

在现生的真骨鱼类中，以鲱形目、鲤形日、鲑形目、鳕形目、鲈形目和鲽形目鱼类最具经济价值。其中鲈形目的种类最多，除鲤形目分布于淡水，鲑形目多为溯河性鱼类外，其他各目主要分布于海洋。当今渔业产量以鲱形目和鳕形目最高，两者合计占世界渔业总产量的一半。我国近海的海生真骨鱼类有2000多种，淡水鱼类700多种。

现代辐鳍鱼类

知识点

新生代

新生代是地球历史最近6500万年的地质时代，是继古生代、中生代之后最新的一个代。新生代形成的地层称新生界。新生代开始后，地表各个陆块此升彼降，不断分裂，缓慢漂移，相撞接合，逐渐形成今天的海陆分布。新生代开始时，中生代占统治地位的爬行动物大部分绝灭，繁盛的裸子植物迅速衰退，为哺乳动物大发展和被子植物的极度繁盛所取代。

古老珍贵的活化石鱼类——鲟鱼

几千年来，“龙”一直是中华民族的象征，帝王们往往自命是“真龙天子”，普通百姓也以“龙的传人”为自豪。然而，“龙”的原身到底是什么？这一千古之谜迄今仍有待解析。近来，有人考证后推断，“龙”的原身应该是鲟鱼。

鲟鱼，在我国古代文献中又称鳢（lǐ）、鲔（wěi）、鱏（xún 或 yín）等，是古老而珍贵的活化石鱼类，因而有“水中熊猫”之称，鲟鱼是“鲟形鱼类”不大严谨的通称。最早的鲟形鱼类软骨硬鳞鱼，发现于英国和德国的早侏罗世地层中，距今已有 1.8 亿多年。软骨硬鳞鱼是大中型的海洋鱼类，已知种类中最大的个体可达 6 ~7 米长。软骨硬鳞鱼的体形呈纺锤形，体内软骨极少骨化，体表裸露无鳞，尾鳍外形近呈正型尾，尾鳍上叶有菱形硬鳞。也许在早侏罗世或更早的地质历史时期，软骨硬鳞鱼的某个近亲种类进入了亚洲的淡水水域。在海生的软骨硬鳞鱼灭绝以后，这一淡水鱼类的后裔中，一支在中亚和东亚北部地区繁衍生息了几千万年，到早白垩世晚期灭绝；另一支则逐步演变为现在的鲟形鱼类。已灭绝的一支即是北票鲟科鱼类，另一支包括了鲟科和匙吻鲟科鱼类。

北票鲟科鱼类是完全淡水生活的鱼类，自中侏罗纪开始出现，繁盛于早白垩世。这一时期的亚洲大陆是一个相对孤立的地区，西边有一狭长的海峡与欧洲分割，东边是宽阔的海域与北美洲相隔。在亚洲大陆内部，又耸立着东西走向的古秦岭和大别山，将这一与世界其他地区相对隔离的陆地分为南北两部分。因此，北票鲟科鱼类目前只发现于中亚和东亚北部地区。燕鲟是近年来新发现的奇特鲟形鱼类。鲟科和匙吻鲟科鱼类的演化历史，至少可以追溯到北票鲟科鱼类繁盛的早白垩纪。北美的鲟形鱼类化石，很可能就是在距今约 9400 万年前的晚白垩世，通过当时亚洲与阿拉斯加之间的陆桥，跨过白令海峡扩散到北美的鱼类的后裔。

鲟科和匙吻鲟科鱼类都是大中型的鱼类，如我国早白垩世的原白鲟全长已可达 1 米以上。现生的种类更是水中的庞然大物。鲟科和匙吻鲟科的化石大多发现于河湖沉积的地层中，但现生的两种匙吻鲟科鱼类和大多数鲟科鱼类有洄游习性，一般是成鱼溯河而上，在上游产卵；幼鱼顺流而下，在下游和入海口育肥。

鲟鱼的身体大，寿命长，性成熟晚，生殖周期长，产卵环境的要求高，仔鱼成活率低，因而种群一旦遭到破坏便很难恢复。如中华鲟的平均寿命50年以上，雄鲟需要9~10年，雌鲟需要17年以上才能进入繁殖期。为了挽救这种恐龙时代的濒危活化石，世界各国纷纷开展了鲟鱼的研究，并采取了严格的保护措施和人工繁殖鲟鱼苗进行人工养殖和流放增殖。鲟鱼完全有希望与人类一起共享美好的未来。

白　鲟

现今白鲟已成为我国的珍稀鱼类。白鲟，别名象鱼，属于鲟形目匙鲟科，拉丁学名Psephurus gladius。大型淡水鱼类，最大可有数百千克。体梭形，前部扁平，后部稍侧扁。头大，吻长如剑状，体表裸露无鳞。眼细小，吻腹具皮须一对。口下位，口裂大。背鳍起点在与其相对应的腹鳍起点之后，均由不分支的鳍条组成。尾鳍歪形，上叶长与下叶。头与体背部和尾鳍青灰色，腹部白色。有溯河洄游的习性，繁殖期为3、4月间，性凶猛，以鱼虾为食，摄食量极大，可达体重的5%，分布于长江、钱塘江、东海沿海浅水区。

两栖动物时期

LIANGXI DONGWU SHIQI

两栖动物直接由鱼类演化而来，是第一种呼吸空气的陆生脊椎动物，约出现在3.6亿年前的泥盆纪后期。两栖动物的出现代表了从水生到陆生的过渡期。两栖动物生命的初期有鳃，当成长为成虫时逐渐演变为肺。从单纯在水域中生活到还可以生活在与水域完全不同的陆地上，两栖生活是脊椎动物发展史上极其重要的一次具有革命性的演变。

水生生物向陆生生物过渡

在距今4亿年前，发生过一次剧烈的地壳运动，称之为“加里东运动”。加里东造山运动造成了当时地球上水陆分布的巨大变化，大片陆地露出海面，在陆地边缘出现了大片水陆交错的低洼浅滩地区，湖河的面积也在不断地缩小，这样的造山运动断断续续地持续了6000万~7000万年，陆地的面积更加扩大，出现了各种复杂的气候变化。有的河流、湖泊长期的干涸，或是由于天气炎热，造成水中植物的腐烂，使水体严重缺氧，陆地环境变得越来越复杂，原来生活在水环境中的各类生物面临着一次严峻的考验。由在水域中生活到生活在陆地上，这在脊椎动物发展史上是一次革命性的飞跃。

陆地环境对于当时的生物来说，是一个既陌生而又富有挑战的世界。这里到处隐藏着威胁生存的危机，生物体在这些恶劣的环境条件下变得十分脆弱。但是，这些困难并没有阻挡住生物界的进化历程，在一次又一次的海陆变迁中，它们顽强地尝试进军陆地，虽然它们中的不少种类成为牺牲者，可是也换来了成功。在志留纪末，当时绿藻中的某些种类率先在陆地上站稳了脚跟，新的一轮演化也开始了。经过历代的演化发展，一些生物终于适应了从水中到陆地生存所面临的环境挑战，逐渐解决了由水生转变为陆生的关键性问题。水生生物向陆生生物过渡的过程中，它们的形态结构和生理机能上的这种种变化，是一个逐步形成发展的过程，通过由量变到质变的飞跃之后，它们初步具备了在陆上生活的能力。

繁盛的绿藻

有关鱼类是怎样登上陆地、进化为两栖动物的，目前还没有定论。鱼类为什么会离开水中的环境，向陆地发展？这一事件发生在什么时候，以及发生在地球的何处？到底是哪一种或哪些种古代的鱼类登陆成功，进化为两栖类的祖先？

在距今4亿~3亿年前的古生代中期，地壳活动十分剧烈，大片的陆地从海洋中升了出来。在这样不利生活环境的压力下，有的鱼类因不适应而灭绝了，有的继续向水生方向发展，但逐渐改进了它们的身体，进化出更高等的鱼类。还有一支则登上了陆地，产生了适应于陆地生活的肺和四肢，从而演化出了两栖动物。

第二个问题必须通过化石来寻找答案。我们知道，最古老的两栖动物化石发现于泥盆纪晚期的地层中（距今约3.6亿年前）。其中研究最详尽的是发现于格陵兰东部的鱼石螈和棘螈。20世纪90年代以来，在澳大利亚、苏格兰、爱尔兰、美国、巴西以及拉脱维亚又相继发现了更多的泥盆纪晚期的四足动物的骨骼和足迹化石。这些发现表明，最古老的两栖动物在泥盆纪晚期时，已经在地球的许多角落出现了。

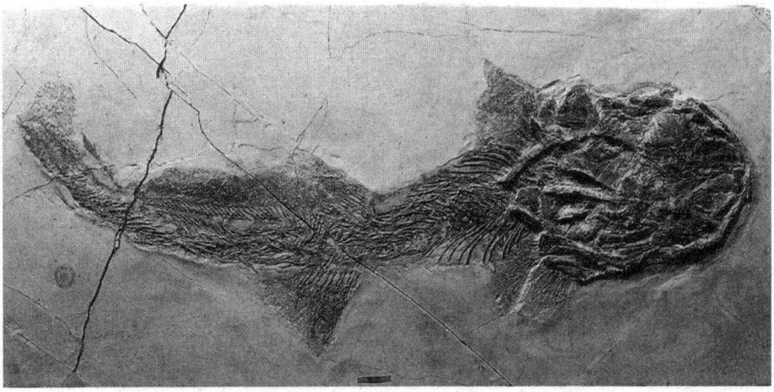

海洋向陆地进军的证据——远古鱼类化石

对第三个问题的争论是最激烈的。现在生物课中使用的多数教科书上都写着："总鳍鱼是两栖类的祖先。"这一推断有着许多形态学和解剖学的依据。在鱼类中，同属于肉鳍鱼类的总鳍鱼类和肺鱼类是公认的两栖类祖先的候选者。现生总鳍鱼（仅发现一类，即拉蒂迈鱼）和化石总鳍鱼的胸鳍和腹鳍的鳍骨的排列，与四足动物的四肢骨排列十分相似。而肺鱼类的鳍骨与之差别较大。但我国古鱼类学家张弥曼院士通过对各种总鳍鱼类头骨化石的研究，指出总鳍鱼不具有内鼻孔，这样就不能离开水在空气中呼吸，因而失去了到岸上生活的基础。她和其他一些国内外科学家支持另一种假说，即从一种接近古代总鳍鱼类和肺鱼类共同祖先的原始鱼类，进化出了四足动物。另外，还有一些学者认为，肺鱼是两栖类的祖先。

科学家甚至发现远古鱼进化前已有四肢基因。匙吻鲟是现今最古老的"放射状鳍"鱼。远古鱼类先是具有调控发育四肢的基因，然后再慢慢地进化成3.65亿年前地球上最早的有肢体动物。

美国芝加哥的研究人员一直在寻找四条腿的两栖动物是如何从鱼类进化并逐渐占据了陆地，这是地球生物进化史上最具里程碑的进化背后所隐藏的线索，因为正是这些两栖动物为以后的爬行动物、鸟类和哺乳动物，乃至人类的进化铺平了道路。古生物科学家尼尔·舒宾称，在研究远古鱼进化的时候最关注的是从鳍到肢的进化，这是最具有划时代意义的生物进化事件。古生物科学家们通过对目前地球上最古老的鱼类——匙吻鲟进行研究，发现远古的鱼类在进化成有肢体的动物之前，已经具备了生长四肢基因功能。

经过一系列研究，科学家发现调控四肢形成的基因在鱼鳍中如何进行基因变化，这项发现并不是在所有的鱼种身上都有，而仅限于那些古老的鱼类。匙吻鲟现今只能在我国和美国的一些淡水区域生存，它们是最古老的“放射状鳍”鱼，它们的肉状鳍在结构上非常接近那些进化成早期陆地生物的鱼类的鳍。匙吻鲟鳍中的软骨与陆地生物的上肢骨有着密切的联系。虽然匙吻鲟是古老的鱼种，但是在爬行动物统治地球的时期，它们还没有出现，匙吻鲟只是进化成爬行动物的远古鱼类的另一进化分支。古生物学家把这种在匙吻鲟胸鳍发现的基因称作 Hox 基因，它在鳍的进化中起着重要作用。他们利用分子生物学手段，通过分子标记物追踪这些基因在鳍内的活动，发现与陆地生物四肢中类似基因的活动相似。

至此，研究人员发现的结果，与原来的进化理论出现矛盾。因为过去古生物科学家们一直认为先是环境的变化诱发了基因突变，这些突变的基因再调控了四肢的形成。而最早的森林萌芽于3.85亿年前，高耸的树干类似于现在的棕榈树，有助于形成新的淡水生态系统。古生物学家在去年就发现了一种被称作 Tiktaalik（意思是体积较大的浅水鱼）的生物，它大概起源于3.75亿年前，可以被看做鱼类和最早的陆地脊椎动物之间一个被遗失的进化分支。Tiktaalik 具有鱼类的特征，但它还有头骨、颈椎、肋骨和其他的肢体结构，与距今1000万~500万年前最早两栖动物棘螈很类似。因此在基因的准备已经很长一段时间之后，新的生态系统在 Tiktaalik 出现的时间或稍前才形成，那时才开始真正四肢的进化。

知识点

现代两栖类动物出现

现代类型的两栖动物在中生代开始出现。现代类型的两栖动物身上光滑而没有鳞甲，皮肤裸露而湿润，布满粘液腺，被归入滑体亚纲。光滑的皮肤可以起到呼吸的作用，有些两栖动物甚至没有肺而只靠皮肤呼吸。最早的滑体两栖类是三叠纪的原蛙类，如三叠尾蛙，与现代的蛙有些类似，但是有短的尾。有尾目和无足目出现的晚些。现代两栖动物的起源现在没有定论。

古代两栖动物的进化发展

现代的两栖动物，如青蛙、娃娃鱼等都是体表湿润光滑的，所以它们又统称为“滑体两栖动物”。然而在遥远的古生代，两栖动物的头上戴着“头盔”，身上长着鳞片。

曾经有两大类两栖动物在古生代时比较繁盛，这些动物的头部很大，结构坚实，覆盖有坚厚的骨板，因而又常被称为“坚头类”。第一类叫做迷齿两栖类，由其迷路状的牙齿结构而得名。它们是最早出现的两栖动物，也是地球上最早的四足动物，在距今3.5亿~2.5亿年前的石炭纪、二叠纪时期十分繁盛，从中生代初期开始逐渐衰落，一直延续到白垩纪早期，然后从地球上销声匿迹。迷齿两栖类的地理分布很广，种类也十分丰富，后期的迷齿两栖类个体可以达到2米多长，当时是一种可怕的捕食者。我国的乌鲁木齐鲵就是二叠纪时期生活在新疆的一种小型迷齿两栖类，体长约20多厘米。

第二类古老的两栖动物叫做壳椎两栖类。它们是一些小型的两栖动物，体长一般小于30厘米。壳椎类最早出现于石炭纪早期（约3.4亿年前），在二叠纪的中期彻底灭绝。壳椎两栖动物只分布在欧洲、北美和北非的古生代地层中，我国没有这种动物。

多数古老的两栖动物种类都在演化中消失并灭绝了，但从古生代的两栖动物中发展出了两个重要的分支，一支是向现代的两栖类方向发展，最后演化为我们如今见到的青蛙、蝾螈等滑体两栖动物；另一条道路或许更为重要，即从迷齿两栖类中的一个称为“石炭螈类”的分支中演化出了爬行动物，后来从后者进一步演化出鸟类、哺乳类等。所以说，在低等的两栖动物中，孕育着以后更高等的脊椎动物，从而会最终出现天空中飞翔的鸟类以及我们人类自身。

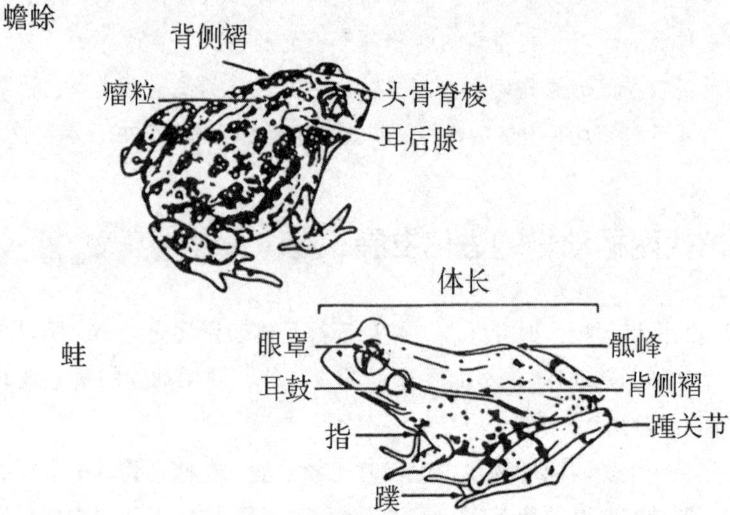

典型的蛙与蟾蜍

泥盆纪时虽然早的两栖类已经出现，但这已经是这个时代末期的事了，泥盆纪终究还应该是鱼类的时代，那时的鱼类不仅在数量上压倒一切，不仅有各种古老的类型，而且软骨鱼和硬骨鱼的代表也已出现了。随着泥盆纪的结束，石炭纪到来了。石炭纪这个名称之由来就是因为那个时代的地层里埋藏着多量的煤的缘故。煤是古代植物的产物，可见那时地面上已经覆盖了大片的森林。通过植物化石的研究，知道那时已有高大的鳞木、封印木、芦木、羊齿以及苔藓等。它们生长在沼泽、池沼以及潮湿的岸边。陆地植物的茂盛也大大地增加了气候的湿润。这就为两栖类的发展创造了良好的条件。

两栖类的祖先自泥盆纪晚期出现以后，在与陌生的环境斗争过程中，不断发展着自己。到了石炭纪，它们的繁荣历史开始了。两栖类最繁盛的时代是石炭纪和二叠纪，因此这两个纪称作两栖动物的时代。两栖类是水陆两栖的，但仅仅在生活习性上的水陆两栖还并不能说明两栖类的特点，因为还有一些高等脊椎动物也存在着这种习性，因此我们说它是两栖类是因为它必须在水中渡过生活史上的幼年期（蝌蚪），用鳃呼吸，到了成年期才上陆，改为肺呼吸。这就是说在两栖类的生活史上要经过“变态”这一过程。

青蛙的幼年期——蝌蚪

两栖类的身体结构是脊椎动物适应陆地环境的初步尝试，它们在不同的生态环境下表现出种种不同的反应。

成年两栖动物虽然已经用肺进行呼吸，但它们的呼吸方式和高等脊椎动物还是不一样的。这种呼吸方式给两栖类的头骨、肋骨等带来了一系列的变化。高等脊椎动物利用胸廓的胀缩来控制肺呼吸，两栖动物则不是这样。它的鼻孔里有着一种瓣，通过这个瓣的开放和关闭，促使空气来回流动，这个瓣的控制是由口腔腹侧的颌间肌担任的。这种肌肉愈发达，呼吸就愈有效。由此，在后期两栖类里头骨变得又宽又扁，与这种肌肉的发育也是有关系的。这种呼吸方式用不着胸廓的作用，因此两栖类的肋骨往往不发达。早期的类型里肋骨还较长，到后期类型里肋骨都较短，现代无尾类里，肋骨就根本消失了。

利用颌间肌来控制肺呼吸也还不是有效的办法，动物上陆后，活动量加大，单靠颌间肌的作用也还不能满足需要。两栖动物除了肺以外，还有辅助性的呼吸器官，这就是皮肤（包括口腔上皮）。所有现生两栖类的皮肤都是裸露的，而且都是湿润的，上面布满着微血管。青蛙的皮肤的呼吸作用还相当重要。在某些有尾类里肺干脆退化了，呼吸作用全部由高度血管化了的皮肤、口腔上皮和咽喉担任。

脊椎动物上陆后，各种感觉器官都有相应的变化，听觉器官的变革尤为重要。鱼类只有内耳构造，除了司平衡也管听觉。它们没有直接与外界相通的耳道，声波在水里引起水的震动，引起头部的震动，再引起内耳淋巴液的震动，通过听神经传至脑部。这种只有内耳的听觉器官在陆地上则无效了。声波在空气里的传播比在水里要微弱，往往很难震动内耳淋巴液，只有把声波扩大后传递到内耳才能起作用。陆生脊椎动物的中耳的产生便起到了这样的效果。中耳中的第一块听骨——由舌颌骨再一次转变功能而成的镫骨一头紧靠内耳的卵圆窗，一头接在外侧的鼓膜上。声波通过鼓膜震动听骨，被扩大后再传至内耳。鱼类里的喷水孔便成了陆生脊椎动物里的中耳腔。

知识点

石炭纪

石炭纪是古生代的第5个纪，开始于距今约3.55亿年至2.95亿年，延续了6500万年，它可以区分为两个时期：始石炭纪（又叫密西西比纪）和后石炭纪（又叫宾西法尼亚纪前）。石炭纪时陆地面积不断增加，陆生生物空前发展。当时气候温暖、湿润，沼泽遍布。大陆上出现了大规模的森林，给煤的形成创造了有利条件。据统计，属于石炭纪时期的煤炭储量约占全世界总储量的50%以上。

无足两栖类动物的进化

古老两栖动物的一支发展为滑体两栖类，其中有一个形态很特别的种类。它们的外形像蚯蚓，没有四肢，尾短或没有尾部（“尾”的通常含义是指肛门以后的躯体部分）。这其实是一类十分特别的滑体两栖动物——无足类，与真正的蚯蚓（一种环节动物类的无脊椎动物）在生物分类上相差甚远。

多数无足类生活在热带地区，并且习惯地下穴居的生活，鱼螈是这类动物的代表之一。它们的皮肤裸露，有许多环状皱纹，富于黏液腺，眼睛退化，但嗅觉很发达。这类动物的脊椎骨数目很多，有的种类多达 250 块，而最大的无足类的个体长度可以达到 1.5 米。

无足两栖类除了具有以上特化性特征，还表现出一些原始的特点。如大多数无足类具有退化的骨质的鳞片，这些鳞片不是像鱼类那样覆盖在身体表面，而是陷入在皮肤的环状皱纹之内。前面提到坚头类的多数种类，体表都有厚重的甲胄。所以，无足类退化的小鳞片被一些学者视为古代坚头类体表鳞甲的遗迹，反映了这类动物承前的原始特征。

西双版纳鱼螈

现生的无足两栖类不到 200 种，分布在中美洲、南美洲、亚洲南部和非洲的热带地区。西双版纳鱼螈是我国仅有的一种无足两栖类。无足类的化石十分罕见，最古老的无足类化石，发现于大约 2 亿年前的侏罗纪早期，化石发现于美国的亚利桑那州，被命名为“小肢始蚓螈”，它的特别之处是这种动物仍保留有弱小的四肢，这也反映了它的原始性。随着以后的演化，这些四肢将进一步缩小，到现生种类中则完全消失，成为真正的“无足类”。除了始蚓螈化石，还有个别零星的无足类脊椎骨化石，发现于巴西、玻利维亚和摩洛哥的中生代或新生代早期的地层中。

知识点

中生代

中生代距今约 2.5 亿年～6500 万年，显生宙第二个代，晚于古生代，早于新生代。这一时期形成的地层称中生界。中生代自老至新中生代包括三叠纪、侏罗纪和白垩纪。中生代时，爬行动物空前繁盛，故有爬行动物时代之称。中生代植物，以真蕨类和裸子植物最繁盛。到中生代末，被子植物取代了裸子植物而居重要地位。

“三燕丽蟾”的进化特征

蛙类是一种身体特化，适应于跳跃生活习性的两栖动物。现生蛙类有3500多种，由于骨骼细弱以及生活环境一般潮湿等原因，它们很少保存为化石。我国在过去几十年中，只发现了几件新生代的蛙化石，但更古老的蛙类却是源于最新的发现。

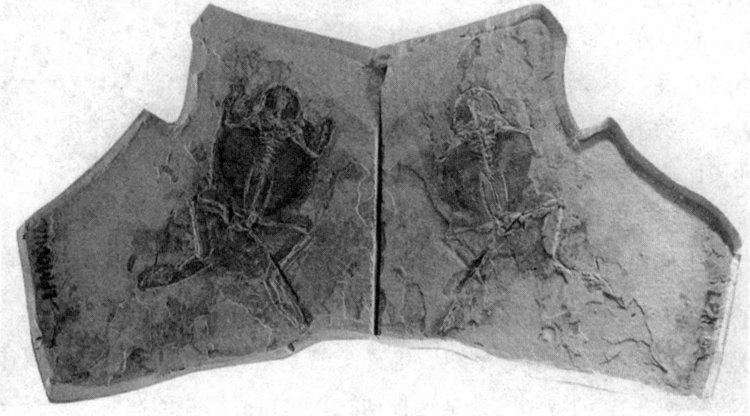

地层中的蛙类化石

1999年，一只古老的蛙化石引起了国内外科学家的广泛关注，中国科学院古脊椎动物与古人类研究所的学者将它命名为“三燕丽蟾”。它是我国已知的最早蛙类，生存在距今约1.25亿年前的白垩纪早期，与大大小小的恐龙生活在同一时代。三燕丽蟾不仅时代早，而且化石保存得十分精美，这在蛙类化石中极其罕见。过去我国仅发现了2~3块较完整的蛙化石，如山东临朐的玄武蛙（距今约1600万年前）和山西武乡的榆社蛙（距今约500万年前）等，它们的时代都比较年轻。如今，在古老的中生代地层中发现了完整的蛙化石，成为科学家激动的幸事。

三燕丽蟾的骨骼形态，已经与现生无尾两栖类十分相近，如具有发育的髂骨和伸长的后肢，这表明它已经具有相当的跳跃能力。它的上颌边缘长满了细细的梳状排列的牙齿，而我们现在常见的蛙类大多没有牙齿，具有牙齿是原始的表现。根据这一特征判断，三燕丽蟾的舌部捕食机能及身体的运动能力可能还不够强，牙齿在辅助捕食中具有比较重要的作用。

在分类学上，三燕丽蟾属于盘舌蟾类的一种。欧洲的盘舌蟾、产婆蟾与亚洲的东方铃蟾是它现生的近亲。从现生这些蛤蟆的样子推测，三燕丽蟾的形象也不会好看。可见“丽蟾”之名来自它精美的骨架化石，而不是这类动物的“长相”。

蛙类鉴于自身的生理及生态特点，很难保存为完整的化石。那么，三燕丽蟾为什么能保存成这样完整的骨架呢？说起来令人难以置信，这多亏了火山的作用。科学家发现，在保存三燕丽蟾化石的岩石中，含有大量的硅质成分，而这些硅质成分来自火山灰。大量证据表明，三燕丽蟾生活的地区火山活动十分频繁。我们可以设想这样的场面——一个风和日丽的早晨，各种动物仍像往日一样开始了它们一天的活动，突然，不远处的一座火山猛烈喷发了，浓厚的火山灰像一个张牙舞爪的魔鬼，快速地扑向了湖区的生命，许多动物在瞬间因窒息而死，连空中飞翔的鸟类也不能幸免。大量的火山灰仍不停地降落，将死去动物的遗体迅速掩埋起来，三燕丽蟾的骨架就是这样完整地保存下来，成为今天科学家校对蛙类演化历史的重要证据。

有尾两栖类的历史和进化

蝾螈类是“有尾巴的两栖类”。现生种类有 300 多种，主要分布在北半球，只有一类叫做“无肺螈类”的有尾两栖动物进入了南半球的南美洲。

有尾两栖类的历史，最早可以追溯到侏罗纪中期（大约 1.7 亿年前）。已知最早的代表发现于中亚和西欧，但这些化石都十分零散、破碎。最近，在我国东北的白垩纪早期的地层中，发现了许多保存精美的有尾类化石，这些化石具有时代早、保存状态好、数量多、种类丰富等特点，在研究世界有尾类的早期演化中占有重要的地位。

这些化石之所以重要的另一个原因是，它们是世界上已论证出的最早的

奇妙的蝾螈

现代蝾螈类的代表，许多特征可以与现生种类比较，由此推测，世界上现存的蝾螈类很可能是由此演化出来的。目前已经命名的我国中生代有尾类，有钟健辽西螈、东方塘螈、奇异热河螈、凤山中国螈等，它们生活在距今 1.3 ~ 1.1 亿年前我国的北部地区。我国现生的有尾两栖类有 3 个科：小鲵科、隐鳃鲵科和蝾螈科。已经报道的我国中生代有尾类都是比较原始的科类，还不能分类到已知的科中。

同样困扰科学家们的还有另一个问题——到底是从哪一种或哪些种古老的两栖动物进化出了现代两栖类（滑体两栖类）。多数学者认为，从迷齿两栖类中的某一种离片椎类动物进化出了滑体两栖动物的祖先类型。持这种观点的人相信，所有现代的两栖动物有一个共同的祖先，故又称为“单源起源说”。与之相对的是“多源起源说”，这种学说认为无尾两栖类是从离片椎类进化来的，而有尾两栖类和无足两栖类可能是从壳椎类演化出来的。日前两种假说孰是孰非，还难有定论，这也是现代两栖动物进化中的一个未解之谜。

知识点

侏罗纪

侏罗纪是一个地质时代名词，界于三叠纪和白垩纪之间，约 1.99 亿 ~ 1.45 亿年前。侏罗纪是中生代的第二个纪。侏罗纪时期全球各地的气候都很温暖，海洋产生湿润的风给内陆的沙漠带来珍贵的雨，植物延伸至从前不毛之地，裸子植物达到极盛，爬行动物迅速发展，飞行的爬行动物第一次滑翔于天空之中。

爬行动物时期

PAXING DONGWU SHIQI

爬行动物是第一批真正摆脱对水的依赖而真正征服陆地的脊椎动物。爬行动物是统治陆地时间最长的动物，其主宰地球的中生代也是整个地球生物史上最引人注目的时代，那个时代，爬行动物不仅是陆地上的绝对统治者，还统治着海洋和天空，地球上没有任何一类其他生物有过如此辉煌的历史。如今，爬行动物虽然退出了统治地球的霸主地位，但依然是非常繁茂的一个类群，是自然界中仅次于鸟类的第二大陆地脊椎动物。

古代爬行动物的分支及组成系统

在最早的爬行动物出现后不久，出现了两个演化支，一个是无孔亚纲。无孔亚纲拥有坚硬的头颅骨，没有颞颥孔，仅有与鼻孔、眼睛、脊椎相对应的洞孔。乌龟被认为是目前仅存的无孔动物，因为它们拥有相同的头颅骨特征；但最近有些科学家认为乌龟是返祖遗传到原始的状态，以增加它们的保护能力。另一群演化支是双孔亚纲，头颅骨上有两个颞颥孔，位于眼睛后方。双孔动物进一步分化为两个支系：鳞龙类包含现代蜥蜴、蛇、喙头蜥，可能还有中生代的已灭绝海生爬行动物；主龙类包含现代鳄鱼与鸟类，以及已灭绝的翼龙目与恐龙。

而最早期、具坚硬头颅骨的羊膜动物也演化出另一独立的演化支，称为单孔亚纲。单孔动物的眼睛后方有一对窝孔，可减轻头颅骨重量，并提供颌部肌肉附着点。单孔亚纲最后演化为哺乳类，因此被称为似哺乳爬行动物。单孔亚纲过去为蜥形纲的一个亚纲，但目前为个别的合弓纲。

侏儒壁虎

现代的爬行动物栖息于每个大陆，除了南极洲以外，但它们主要分布于热带与副热带地区。现存的爬行动物，体型最大的是咸水鳄，可达 7 米以上，最小的是侏儒壁虎，只有 1.6 厘米长。除了少数的龟鳖目以外，所有的爬行动物都覆盖着鳞片。

虽然所有的细胞在新陈代谢时都会产生热量，大部分的爬行动物不能产生足够的热量以保持体温，因此被称为冷血动物或变温动物（棱皮龟可能是个例外）。爬行动物依靠环境来吸收或散发内部的热量，例如在向阳处或阴暗处之间移动，或借由循环系统将温暖血液流动至身体内部，将较冷血液流动至身体表层。大部分生存于天然栖息地的爬行动物，可将身体内部的体温维持在相当狭窄的变化范围内。不像两栖类，爬行动物的表皮厚，因此不需要栖息在水边，吸取水分。由于体温调节方面的关系，爬行动物可以较少的食物维持生存。温血动物通常以较快速度移动，一种攻击性蜥蜴、蛇、或鳄鱼的移动速度较快。

大部分的爬行动物是卵生动物，它们的胚胎由羊膜所包覆。然而，许多有鳞目能够直接生下后代，例如卵胎生或胎生的方式。大部分的胎生爬行动物借由不同形式的胎盘给予胎儿养分，类似哺乳类的方式。它们通常提供刚出生幼体适当的初步照顾。

循环系统

大部分的现存爬行动物具有闭合的循环系统，它们具有三腔室心脏，由两个心房与一个心室所构成，心室的分割方式并不一致。它们通常只有一对大主动脉。当它们的血液流经三腔室心脏时，含氧血与缺氧血只有少量混合。但是，血液可改变流通方式，缺氧血可流向身体，含氧血可流向肺脏，使爬行动物的体温调节更有效率，尤其是水生物种。

鳄鱼具有四腔室心脏，可以在水中以三腔室心脏运作。某些蛇类与蜥蜴(例如巨蜥与蟒蛇)，具有三腔室心脏，但可以四腔室心脏方式运作。因为它们心脏的皮瓣可在心动周期时，随着扩张、收缩隔开心室。某些喙头蜥可借由皮瓣，产生类似哺乳动物与鸟类的心脏运动。

呼吸系统

所有的爬行动物都用肺脏呼吸。水生乌龟发展出具渗透性的皮肤，某些爬行动物可用泄殖腔来增加气体交换的面积。即使具有这些构造，它们仍需要肺脏来完成呼吸作用。在各个主要的爬虫类动物种类之间，完成肺部换气的方式并不相同。有鳞目爬虫类的肺部几乎只借由轴肌换气，而这个肌肉也同时用于运动。因为这个限制，大部分的有鳞目爬虫类必须在激烈的移动中停止呼吸。但是，有些爬虫类找到了解决方法。巨蜥以及一些其他的蜥蜴物种使用一种使用到喉咙肌肉的方法来补足原本的“轴呼吸”。这使得这些动物可以在激烈运动中为肺部完全充气，所以可以持续进行有氧呼吸很长一段时间。据了解，双领蜥具有原生横隔膜可将胸腔和腹腔分开来。即使此膜不能动，它还是能借着将内脏的重量和肺分开而增加肺的吸气量。鳄鱼其实拥有和哺乳类动物相似的有肌肉横隔膜。不同的是，鳄鱼的横隔膜将耻骨拉回(部分的骨盆，在鳄鱼中能移动)，从而使肝下降，以腾出空间使肺能胀大。这种横隔膜式的机制被称作“肝活塞”。

关于海龟和陆龟如何呼吸已经被研究了很多次。迄今为止，只有少数物种已经被深入研究到足以了解乌龟如何呼吸。其结果表明，海龟及陆龟分别找到了不同的方法来解决这个问题。但问题是，大部分的龟壳是僵硬的，且不能像其他羊膜动物使用的膨胀和收缩来为肺部换气。一些乌龟，如印度鳖有一层肌肉包覆着肺部。当它收缩时，乌龟可以呼气；在静止时，乌龟可以收回四肢进到体腔内，并强制使空气排出肺部的。而当乌龟伸出其四肢时肺部内的压力会减少，乌龟因此可以吸进空气。乌龟的肺连接到壳内的上方，而肺的底部附着在其余内脏（由结缔组织连接）。借由一系列特殊的肌肉（大约相当于一个横隔膜），因为许多这些肌肉的附着点都在它们的前肢上（事实上，很多的肌肉在收缩时扩张到四肢的袋子里），乌龟能够推动他们的内脏向上或向下，造成有效的呼吸。

现今已研究了 3 个物种在运动期间的呼吸，并且显示了它们之间不同的模式。当成年雌性绿蠵龟沿着要产卵的海滩爬行时并不呼吸。他们在陆上运动时屏住呼吸，只有在停顿休息时呼吸。北美的箱龟运动期间还是继续呼吸，而且其换气的周期并不与肢体动作相关。它们可能是利用其腹部肌肉在运动中呼吸。最后被研究的物种是红耳龟，它们也在运动中呼吸，但他们在运动中的呼吸比在运动间停顿时的呼吸还少，显示肢体运动和呼吸器具之间可能有机械干扰。箱龟也被观察到在完全密封的壳内呼吸。

大部分的爬行动物缺乏次生颚，所以当它们进食时，无法同时呼吸。鳄

绿蠵龟

鱼已发展出骨质次生颚，使它们可在半隐没至水中时持续呼吸，并防止嘴中的猎物挣扎时，伤及脑部。石龙子科也演化出骨质次生颚。

排泄系统

爬行动物的排泄系统主要借由两颗肾脏。双孔动物所排泄的主要含氮废物是尿酸；而乌龟主要排泄尿素，类似哺乳类。不像哺乳类与鸟类的肾脏，爬行动物的肾脏不能够制造尿液，尿液可以储藏更多的身体废物。这是因为它们缺乏鸟类与哺乳类所拥有的肾元，称为亨利氏环。因此许多爬行动物使用它们的结肠与排泄腔来再度吸收水分。有些爬行动物甚至可利用膀胱来取得水分。有些爬行动物的鼻部与舌部具有盐腺，可以储存额外的盐分。

骨骼系统

爬行动物的骨骼系统大多数由硬骨组成，骨骼的骨化程度高，很少保留软骨部分。

神经系统

爬行动物与两栖类的脑部具有相同的基本部分，但它们的大脑与小脑稍大。爬行动物的感觉器官多发育良好，除了少部分物种，例如蛇缺乏外耳，但仍具有中耳与内耳。爬行动物具有 12 对脑神经。

繁殖系统

除了陆龟与海龟以外，大部分的雄性爬行动物具有成对的管状性器官，称为半阴茎。陆龟与海龟则具有单一阴茎。所有的龟鳖目皆为卵生动物，而某些蜥蜴与蛇是卵胎生或胎生动物。爬行动物借由泄殖腔来交配、繁衍；泄殖腔位于尾巴基部，可用来排泄与繁殖。

乌龟及龟蛋

对于某些有鳞目物种而言，雌性个体若达到一定的数量，它们便能自行复制出单性染色体。这种无性繁殖方式称为孤雌生殖，目前已有6科蜥蜴，以及一种蛇，被确认具有这种无性繁殖能力，例如：数种壁虎、美洲蜥蜴科。被封闭的科莫多龙（巨蜥科）也具有孤雌生殖能力。除了以上物种以外，变色龙、飞蜥科、夜蜥蜴科以及嵴尾蜥科，也被推测具有孤雌生殖能力。

爬行动物的蛋，外部是钙质蛋壳或皮革，覆盖着内部的羊膜、羊膜囊、以及尿囊。

知识点

爬行动物的代表类型

爬行动物是地球上第一批真正摆脱对水的依赖而真正征服陆地的脊椎动物，可以适应各种不同的陆地生活环境。爬行动物代表类型：(1) 头骨上没有颞颥孔的划分成无孔亚纲，代表爬行动物的原始类型；(2) 头骨每侧有一个下位的颞颥孔的划分为下孔亚纲，是向着哺乳动物演化的爬行动物；(3) 头骨每侧有一个上位的颞颥孔的划分为调孔亚纲，是海洋爬行动物；(4) 头骨每侧有两个颞颥孔的划分为双孔亚纲，是主干爬行动物，并演化出了鸟类。双孔亚纲又进一步划分为较原始的鳞龙下纲和进步的初龙下纲（或总目）。现存的爬行动物除了龟鳖类属于无孔亚纲，鳄类属于初龙下纲外，其余成员均属于鳞龙下纲。

最早的爬行动物——林蜥

林蜥是种早期的爬虫类，它生存于3.15亿年前的石炭纪。到2006年为止，它是目前所能确认最早的爬虫类；西洛仙蜥更为古老，但应为两栖类，但目前被认为较接近于两栖类，而非羊膜动物。它大约20厘米长（包括尾巴），而且外表应该相当接近现代蜥蜴，它拥有锐利的小型牙齿，应该以千足虫与早期昆虫为生。林蜥是后来所有爬虫类的祖先。油页岩蜥与中龙都为最早期的爬行动物之一。最早期的爬行动物被发现于石炭纪的沼泽森林，但体型小于同时期的迷齿螈类。石炭纪末期的小型冰河期，使得早期爬行动物有机会成长至较大的体型，例如基龙与异齿龙。

科学家在加拿大找到了当时巨大的封印木的化石，并惊喜地发现，在植物化石的空树干中，还躲藏着非常原始的爬行动物。人们给这种动物起名叫林蜥，它们到底是为了避难而躲在树洞中，还是就居住在其中，人们不得而知。从林蜥的骨骼化石观察，它的头骨很高，口中具有迷宫样式的迷齿，这些都是两栖动物的特点；而林蜥的脊椎骨则与其后出现的爬行动物相似，这个长有两栖动物的头和爬行动物的身子的怪家伙，被定为爬行动物的老祖宗。

知识点

羊膜动物

羊膜动物是一种四足脊椎动物，包括合弓类动物（哺乳类与似哺乳爬行动物）与蜥形类（含爬行动物、鸟类）。羊膜动物借由产卵、胎生等方式繁衍，胚胎由多层膜来保护。哺乳动物更演化出羊膜来包覆胎儿。羊膜动物有三个主要演化支，可由头骨的结构与眼后颞颥孔的数量来辨认。无孔类爬行动物的头颅骨没有颞颥孔；合弓类动物（哺乳类与其近亲）有一个颞颥孔；大部分的双孔类动物（大部分的爬行动物、恐龙、鸟类）有两个颞颥孔。

爬行动物“定居”陆地

迷齿两栖动物在古生代晚期的石炭纪和二叠纪时，曾经一度繁盛。但在它繁盛初期时，就有一支已经进化为爬行动物。这支爬行动物逐渐崛起，最终在中生代一统天下。爬行动物形成的标志是羊膜卵的出现。

虽然两栖动物已经登上了陆地，但只有在羊膜卵出现后，脊椎动物才真正摆脱了（个体发育过程中）对外界水体的依赖，成为完全陆生的动物。羊膜卵的出现是脊椎动物进化史上继“颌的出现”、“从水到陆”之后的又一次重大的飞跃。

具有羊膜卵的脊椎动物统称羊膜动物。爬行动物和鸟类、哺乳类一起构成了羊膜动物。现代的羊膜动物都很好判断，只要看它们是否产羊膜卵就可以了。但要判断化石生物就有些困难了，因为我们无法直接从骨头上知道某类生物是否产羊膜卵。

大家公认的最早的蛋化石发现于三叠纪。有间接的证据表明，羊膜卵比目前已知的最早爬行动物出现得早。长期以来，蜥螈被认为是羊膜动物的祖先类型，因为它的骨骼构造兼备两栖动物和爬行动物的特征。但是由于它出现时间太晚（早二叠世），不大可能是爬行动物的直接祖先。在古生代的两栖动物中仅石炭螈类与羊膜动物最接近。

独特的龟

龟类是一类独特的动物，从它们具有的壳就能一眼分辨出来。除了甲壳，龟的头骨和头后骨骼也很特别。龟类甲壳分为背腹两部分，背面的叫背甲，腹面的叫腹甲。它们除次生退化外，一般分内外两层：外层是角质的，由许多盾片组成；内层是骨质的，由许多骨板组成。龟鳖类不仅脊柱与壳愈合，背甲也由骨板与肋骨愈合而成。与其他所有的脊椎动物不同，龟鳖类的肋骨位于肩带和腰带之外。这使它能将头、四肢和尾部缩入壳内，在很大程度上

深海中的龟

保护了自身。最原始的龟是原颚龟，和最早的恐龙大致同时出现在2亿多年前，它已经有了与现代种类相似的壳了。从那以后的龟类都有一个壳，虽然某些后代有所变化，如鳖甲无角质层，为皮膜的鳖裙代替；而棱皮龟的背甲骨板退化，由大量细小的骨片组成，不与深层的骨板连接为一个整体。

龟是从什么进化而来的，龟壳和龟身体各部位奇怪的组构方式是如何形成的，至今仍是个谜。人们曾经认为南非中二叠世的正南龟是龟类的祖先，但现在看来它与龟鳖类毫无关系。在灭绝的生物里，锯齿龙、前棱蜥、大鼻龙都曾被当做龟鳖类的祖先。然而这些候选者中，没有一类与龟类共有令人信服的进步性状。侏罗纪的龟已经基本上有了现生类型的构造。

尽管龟鳖类的外形很早就独具特色，但它们远非结构保守的“活化石”。龟鳖类在其漫长的生存历史中，经历了不寻常的、广泛的进化变迁，分化到许多不同的陆生、水生生境中。龟类进化早期，由于头骨发展出两类滑车机制而分为侧颈龟类和曲颈龟类（或称隐颈龟类）两个类群，这两个类群独立地演化出了高度特化的颈部回缩方式。侧颈龟类沿着壳前缘在水平面内弯曲颈和头，繁盛时期是6000万年前的白垩纪和早第三纪，那时的侧颈龟类大多数是海生的。

龟类与大多数爬行动物一样是变温动物，其地理分布主要以热带和温带地区为主。绝大多数龟鳖类习惯陆地生活，但一般居住于河流、湖泊、沼泽和湿草地，河龟是较常见的龟类。真正完全陆生的龟类种类并不多。

还有一些龟则适应海洋生活，产生了桨状附肢，仅在产卵时回到沙滩。现代海生的龟有棱皮龟和海龟两大类。一般人的印象中，龟运动速度不快，但棱皮龟受惊吓时速度可以达到35千米/小时。这些龟在大洋中遨游，但总是不远万里回到出生地产卵。它们能在茫茫大海中精确定位，其洄游

鳖

行为让人称奇。常常有一些报道说，被放生的龟能重返主人家，从而认为龟通人性，有灵气，其实，可能是因为这些龟与海龟具有类似的定位能力，所以具有重返故土的本能。

龟类的寿命较长，一般可活数十年，也有过生存了 188 年的记载。我国民间有“千年王八万年龟”一说，因此，人们常把乌龟当做长寿的标志。

古老的鳄鱼

帝王鳄，体长达到 11～12 米，仅头部就有 1 人多长。它生活在大约 1.12 亿年前尼日尔的大河深处，凶残无比。根据它的头骨构造和满嘴粗大尖锐的牙齿，科学家们推测不仅河中的鱼儿是它的食物，甚至中生代的霸王——恐龙，也常常成为它“餐桌”上的美味。其实，帝王鳄还不算是最大的鳄鱼，生存于美国晚白垩世的一种叫做恐鳄的鳄鱼，体长达到 15 米，是已知鳄鱼中的超级“巨人”。

帝王鳄

说起家史来，鳄鱼起源的时间应该比恐龙还要早。不过，从化石记录来看，最早的鳄鱼和恐龙一样出现于三叠纪晚期。从那时起，鳄鱼目睹了爬行动物的衰败、恐龙的灭亡、哺乳动物的兴起和人类的成长。经过 2 亿多年的演化，鳄鱼仍然在地球这个大舞台上展现着它健壮的身躯，可谓一类极其成功的爬行动物。从鳄鱼的演化历史来看，原始的鳄鱼主要是陆生动物；更为进步的中鳄类则既有陆生类型，也有水生类型的，有一些中鳄类甚至特化为海生动物。现生鳄鱼属于真鳄类，它们主要是半水生的动物。鳄鱼的成功应该归功于它的身体结构：它的心脏和鸟类、哺乳类的一样有 4 个房室；它忍饥挨饿的能力很强，已知有的种类即使半年不吃也不致饿死。它的身体构造则非常适应水中的生活。

鳄鱼进入新生代后的几千万年里，身体构造基本定型，没有大变化。因此，鳄鱼也被称为“活化石”。大多数鳄鱼都长着扁平的头，有一个长长的吻部，嘴里长着圆锥形的牙齿。美国科学家在马达加斯加晚白垩世地层中，发现了一种奇异的鳄鱼，它的头骨短而宽，吻部很短，包括牙齿在内的许多构造与一类叫做甲龙的恐龙相似。这种奇特的趋同演化现象令人惊奇不已。

一般来说，人们印象中的鳄鱼总是冷酷无情和凶残成性，其实这是一种误解。回顾鳄鱼的演化史，不仅有像帝王鳄和恐鳄这样凶残的肉食者，还有许多温顺的植食性鳄鱼。我国湖北 1.1 亿年前生存的一种鳄鱼，就是以植物为食的。除此之外，在世界其他地方也发现过一些植食性鳄鱼。大多数鳄鱼不会主动进攻人类，尤其是产于我国长江中下游，也是惟一生存于温带的现生鳄鱼——扬子鳄，性情非常温和。

鳄鱼这种冷血爬行动物也有温柔的一面。所谓“虎毒不食子”，“食人鳄”尼罗鳄抚育后代的情景正是这样。母鳄在小鳄出壳后，会把所有的小鳄放在自己嘴里，带它们去水中玩耍和觅食。平时，尼罗鳄的血盆大口是屠杀包括水牛这样大动物的凶器，这时却变成了小鳄温馨的“摇篮”，这就是生物构造的多功能性的极端表现。

发生于 6500 万年前的生物大灭绝事件，无情地淘汰了中生代陆上霸主——恐龙，却没能消灭顽强的鳄鱼。最近的科学调查表明，现生的 20 多种鳄鱼中，已有 16 种濒临灭绝，原因非常简单：鳄鱼的机体能够抗过 6500 万年前的大灾难，能够适应多变的环境达 2 亿多年，却不能抵御来自人类的威胁。

知识点

羊膜卵

羊膜卵是指具有羊膜结构的卵，是爬行类、鸟类、卵生哺乳动物所产的卵。在胚胎发育过程中，发生三层胚膜包围胚胎：外层称绒毛膜，内层称羊膜，另有尿囊膜。羊膜卵的出现，完全解除了脊椎动物在个体发育中对水环境的依赖，使动物能够在陆地上孵化。爬行动物是最先出现羊膜卵的，羊膜卵的出现是脊椎动物进化史上的一个飞跃，为动物登陆征服陆地向各种不同的栖居地纵深分布创造了条件。

海生爬行动物的海域生活

一直以来，在海洋中兴风作浪、吞噬船只的庞然怪兽不断在影片、小说以及传说里出现，但事实上，没有人亲眼见证这些怪兽的存在，生活于中生代的巨型海生爬行动物远比好莱坞构想出来的任何怪兽都吓人，科学家通过远古化石为我们复原出了一副副生活在中生代水域里的巨型海洋怪兽。

神话传说中的海怪

2 亿多年前的三叠纪，中生代的霸主恐龙刚刚在陆地上诞生之前，那时候称霸地球海洋的已经是形形色色的海生爬行动物了。史前海洋中的爬行动物与现在的不同，不仅种类更为丰富，而且体形巨大，形状怪异。18 世纪西方的博物学家首次发现这些“巨兽化石”时，将其称为“海怪”，并做出各种各样古怪的复原。此后，海生爬行动物的化石始终是古生物学中的热点，并强烈地激发了公众的好奇心。

什么是海生爬行动物呢？顾名思义，就是生活在海洋中的爬行动物。它们能在咸水环境中生长、觅食，不经常进入淡水环境，但它们不一定在海洋中繁殖后代。现代海洋中仅有海龟、海蛇及几种咸水鳄等少量爬行动物，而在中生代的海洋中则有鱼龙、鳍龙、海龙、沧龙等大名鼎鼎的动物，其中最负盛名的是鱼龙和蛇颈龙。

鱼龙是一类高度适应水生生活的已经灭绝的爬行动物，它有着流线型的体形和桨状的四肢，与海豚外形有些相似。居维叶曾说，鱼龙具有海豚的吻部、鳄鱼的牙齿、蜥蜴的头和胸骨、鲸的四肢和鱼的脊椎。鱼龙嘴巴长而尖，上下颌长着锥状的牙齿，整个的头骨看上去像一个三角形。头两侧有一对大而圆的眼睛，眼睛直径最大可达 30 厘米，而现生脊椎动物中最大的眼睛是蓝鲸的眼睛，直径也才 15 厘米。因此鱼龙可以在光线暗淡的夜间或深海里追捕乌贼、鱼类等猎物。科学家估计，鱼龙可以下潜到海洋中 500 米的地方。鱼龙椎体如碟状，两边微凹，一条脊椎骨好像一串碟子被串在一条绳索上，尾椎狭长而扁平。

绝大多数爬行动物是卵生，把蛋下在沙子或窝里。鱼龙已经非常特化，

传说中的鱼龙

没法上陆地下蛋了，那么它是如何繁殖的呢？直接把蛋产在水里吗？开始人们不知道答案，后来在德国南部的霍斯马登附近发现了肚子里有胚胎的鱼龙化石，人们才了解到鱼龙原来能够直接下幼仔。在我国安徽早三叠世发现的鱼龙，是已知时代最早的鱼龙之一。我国科学家在珠穆朗玛峰海拔 4800 米的地方，发现了三叠纪（2 亿多年前）的鱼龙化石，是迄今为止海拔最高的脊椎动物化石。这足以证明当时那里还是一片汪洋大海，后来却抬升成了现在的世界屋脊。

蛇颈龙和上龙是相当成功的爬行动物，曾经广泛分布在侏罗纪和白垩纪的海洋中。蛇颈龙身体宽扁，配上长长的脖子，小小的脑袋，就像一只海龟的头装在长蛇身上似的。蛇颈龙脖子可达身体的一半长，体长可达 10 多米。所谓“尼斯湖怪物”就是按照它的模样编造出来，并引起过不小的轰动。但是事实证明，蛇颈龙确实在白垩纪末就已经灭绝了。

传说中的蛇颈龙复原图

由于从来没有发现过带胚胎的蛇颈龙或上龙化石，我们无从知道它们如何繁殖后代。这些动物的骨骼表明，它们还具有在陆地上爬行的能力，尽管这种能力十分有限；但是上龙体形巨大，对于它们来说，爬上海滩绝非易事，所以“胎生”是它们可能的一种繁殖方式。迄今为止，从未发现过上龙的蛋化石。

鱼龙在晚白垩世刚开始时就消失了，这个类群的祖先是谁？是什么原因造成了鱼龙在白垩纪中期的灭绝？现在这些问题都还没有答案，等待着人们进一步去探索。

长头龙是一种身长 10 米，体重 10 吨的食肉动物。古生物学家科林·麦克亨利认为，像长头龙这种大型龙类动物可算是有史以来最厉害的食肉动物之一，“没有哪个动物长着两米多的头颅，又有香蕉般大小的牙齿”。这两种爬行动物在大约 1.1 亿～9800 万年以前，游弋在今天的澳大利亚地区的海域。

凭借满嘴林立的牙齿，巨头幻龙不愧为杀手中的高手。它身长 4 米，是最古老的海生爬行动物之一。约 2.3 亿年以前，它所出没的海域覆盖了今天欧亚大陆的大部分地区。

安第斯达科龙和现代鳄鱼是远亲，它没有脚，长着鳍状肢，还有像舵一样的尾巴，以及一个形似食肉恐龙的脑袋。

海中龙是尼斯湖水怪的经典造型。海中龙是蛇颈龙的一种，天生擅长于潜行，而不以速度见长。它把石头吞入胃中，石头具有船上的压舱物作用，同时还能帮助消化。它长着四条鳍状肢，每条都有人那么大，这让它能够在大洋中遨游。它在覆盖着今天美国可罗拉多州的海域中遨游，伺机痛下杀手……

无齿龙化石是最怪异的化石之一。无齿龙身体的宽度大于长度，背着一个骨质外壳，是一种古老的海生物爬行动物类别盾齿龙中的一员。它可以用扁平的牙齿咬碎生活在海底的贝类，并以它为食。

地球霸主恐龙的众生相

中生代的陆地是恐龙称霸的大地。对许多人来说，一提到恐龙，脑中就会涌现出那些长着小脑袋、长脖子和粗壮四肢的古代庞然大物。在遥远的中生代，地球上确实四处漫游着许多身体无比巨大的恐龙，尤其是蜥脚类恐龙，像发现于美国的梁龙和我国的马门溪龙，它们的体长都达到了 20 多米。不过，这还不算是最大的恐龙。19 世纪的时候，科学家们在美国发现了一些恐龙的脊椎骨残片，他们据此推测这种恐龙的大小，得出一个惊人的结论：这种恐龙体长约40～60米，体重有100～150吨，堪称超级“巨人”。

侏罗纪公园模拟图

恐龙世界除了“巨人”之外，还有许多“侏儒”。许多种恐龙大小只有1米左右，像发现于德国的肉食性美颌龙和我国的以植物为食的热河龙。科学家们最近又发现了更小的恐龙——小盗龙。它的头只有4厘米长，满嘴芝麻大小的牙齿，身体全长也不过40厘米左右。

看着巨型恐龙那小小的头颅，臃肿的身体，许多人猜测恐龙一定非常愚笨。巨型蜥脚类恐龙的智力确实比较低下，这可以从它们脑颅相对身体的大小推断出。不过，科学家们发现一些小型的兽脚类恐龙有很高的“智商”。有人研究了一种叫伤齿龙的小型猎食龙的智力水平，发现这种恐龙非常聪明，并以此推测如果恐龙没有在6500万年前灭绝的话，可能会进化成一种叫做“恐人”的高智商动物。当然，从科学的角度讲，这种假说是不成立的。有些小型恐龙虽然很聪明，也只是相对而言。它们的智力水平还没有超过鸟类，更不用说人类了。

镰刀龙有着一副非常奇怪的长相：它的头像食草动物，可是前肢又像凶猛的食肉动物，长有弯曲尖锐的大爪子，它的肚子臃肿而大，脚则又宽又短，堪称恐龙世界中的“四不像”。其实，尽管它的外形奇特，但它和小巧的鸟类还有着很近的亲缘关系。我国辽西发现的一种名叫北票龙的镰刀龙，身体上长着和鸟类羽毛相似的结构。

顾氏小盗龙复原图

翼龙被誉为征服蓝天的“空中霸主”。它是恐龙的近亲，生活在同一时代，是飞向蓝天的爬行动物，有时也被误认为是“会飞的恐龙”。翼龙起源于约2.15亿年前的晚三叠世，灭绝于6500万年前的白垩纪末期。当恐龙称霸陆地时，翼龙却控制着天空。翼龙是一类非常特殊的爬行动物，具有独特的骨骼构造特征。翼龙并不能像鸟类那样自由地、长距离地翱翔于蓝天，只能在它的生活环境附近，如海边、湖边的岩石或树林中滑翔，有时也在水面上盘旋。翼龙比鸟类早了约7000万年飞向天空，大约在三叠纪晚期就开始适应空中生活，在地球上成功地生存了1.5亿年。翼龙为了适应飞翔的需要，具有许多类似鸟类的骨骼特征，如头骨多孔，骨骼中空轻巧，胸骨及其龙骨突发达等。

龟形镰刀龙

翼龙类属于爬行动物，然而它很可能是温血动物。20世纪初，英国古生物学者曾推测，翼龙具备快速运动的能力，像蝙蝠一样，体上有毛，并有与鸟类相似的生活习性，是体温恒定的温血动物。后来在德国发现的喙嘴龙化石上，找到了毛的印痕。1970年，在哈萨克斯坦发现了一件比较完整的带有“毛”的翼龙化石，英国古生物学家通过对这件标本毛状物和翼膜结构的研究，认为它无疑属于温血动物。翼龙身体上的这些“毛”隔热保温，防止体内热量的散失，具有调节体温的作用。另一个证据来自于翼龙的骨骼，它们像鸟一样有一些用于调节体温的小气囊。最近，我国辽西带“毛”的热河翼龙的发现，进一步佐证了至少部分小型的翼龙类为温血动物。越来越多的化石证据表明，一些翼龙为了适应飞行的需要，已经具有内热和体温恒定的生理机制、较高的新陈代谢水平、发达的神经系统以及高效率的循环和呼吸系统，成为一类最不像爬行动物的爬行动物。翼龙常生活在湖泊、浅海的上空。一些翼龙具有脚蹼，可以从天空中发现飞行的昆虫以及水中游动的鱼、虾等小型水生动物，并且迅速出击，准确地捕食它们。

其实，还有一些恐龙并非像导演斯皮尔伯格在电影《侏罗纪公园》中塑造的那么“冷酷”，它们浑身长着羽毛，有一副温柔的形象，这似乎不像恐龙，而像我们所认识的鸟类。因为羽毛是鸟类特有的，有羽毛的动物必然是鸟，这几乎是不用思考的常识。然而，在遥远的中生代，地球上确实生存着一批长着羽毛的恐龙。带羽毛恐龙化石的发现始于1996年9月。当时有人发现了一种奇特的动物化石：它个体大小类似家鸡，头很大，满嘴长着带有小锯齿的尖锐牙齿，前肢非常短，尾巴却出奇地长；在这个动物的背部，从头到尾长着毛状的结构。这种被命名为“中华龙鸟”的动物就是世界上发现的第一种长着原始羽毛的恐龙。

1999年5月，科学家们报道了一种叫北票龙的动物，这是继中华龙鸟以后发现的第二种保存毛状皮肤结构的恐龙。它的发现表明，这种毛状结构确实属于原始羽毛。不仅如此，科学家们推测包括霸王龙在内的许多恐龙，可能已经不再像冷血的爬行动物那样长着鳞片，而是体披着这种原始羽毛，更像美丽的鸟类。

发现于辽西的另外一种有趣的动物是尾羽龙，是一种尾巴上长着羽毛的恐龙。其实，尾羽龙不仅尾巴上长着长长的羽毛，在它的前肢上也长着长长的羽毛。更让人们感到惊讶的是，这些羽毛的样子，几乎和鸟类的羽毛一模一样。尾羽龙的头短而高，脖子长，尾巴短，长长的后腿表明它是一种奔跑速度很快的动物。尾羽龙的发现让科学家们相信，有些恐龙已经长出了真正的羽毛，尽管它们并不能像鸟类那样飞行。

当然，恐龙当中最有名的还要属霸王龙。它是恐龙世界中的“老大”，有关它的争议也最多。有人认为它徒有虚名，根本就不会主动猎取食物，而是依赖吃腐尸为生；有人则推测它非常凶残，牙齿上可能还有剧毒；有人猜想它行动很缓慢，也有人认为它的奔跑速度很快。在分类上，有人把它和侏罗纪时繁盛的大型肉食龙放在一起。多数人却认为，它和白垩纪时繁盛的小型肉食类恐龙亲缘关系近。不管怎么样，霸王龙是当之无愧的陆地霸王。

霸王龙

鸟臀类恐龙是恐龙家族的另外一个支系。这一家族包括我们熟悉的鸭嘴龙、三角龙、剑龙和甲龙。顾名思义，鸟臀类恐龙应该有一个像鸟类一样的臀部（科学术语应该叫腰带骨骼），那么它们是不是和鸟类有什么亲缘关系呢？其实，它们和鸟类没有关系，而且其腰带虽然外形上和鸟类相似，但解剖结构上却不同。

和蜥臀类恐龙一样，鸟臀类恐龙也是形态各异，大小不一的。在我国发现的山东龙的站立高度超过 9 米，是鸟臀类恐龙当中的“巨人”，而一件被命名为辽宁龙的恐龙标本，全长不超过 40 厘米；剑龙身体的背部，有两排粗大的甲板；最近，我国辽宁发现的一种鹦鹉嘴龙的尾巴上则长着像长长的刚毛那样的结构。它们都是鸟臀类恐龙。

恐龙的奇特不仅表现在外形上，还体现在生理上。科学家们发现，恐龙可能是温血动物。我们知道，恐龙在分类上被归入爬行动物纲，应该是冷血动物，但一些科学家发现，恐龙的生长速率远远高于其他爬行动物，接近温血动物的水平。还有的科学家发现，一些大型恐龙能够生活在寒冷的极地，这些发现都为恐龙是温血动物提供了证据。从目前的证据来看，恐龙可能是一类介于冷血动物和温血动物之间的过渡性动物，代表着生物演化史中的一个重要“缺失环节”。

知识点

温血动物和冷血动物

温血动物又叫恒温动物，指的是那些能够调节自身体温的动物，鸟和哺乳动物会通过新陈代谢产生稳定的体温，因此它们是温血动物。冷血动物又叫变温动物，是指体温随外界温度改变的动物。恒温只是相对而言的，并非是严格意义上的恒温。除鸟类和哺乳类外，其他动物都是变温动物。

地球霸主恐龙大灭绝

一颗耀眼的星体从天际缓缓地进入大气层，大气摩擦使得这颗星体四分五裂，分散出无数的小碎块，这些碎块像流星一样划过天空，落向大地，就像绽放的礼花，然而，星体没有完全分裂成小块，其中的主体仍然具有山峦般的体积，它冲向大地，无与伦比的撞击力立即在地球上引发了巨大的爆炸。顿时，无数的生命被摧毁，生机勃勃的自然界不复存在。这就是基于阿尔瓦雷斯父子在20世纪80年代提出的恐龙灭绝撞击说复原的景象。

支持小行星撞击说的科学家们推断，这次撞击相当于人类历史上发生过最强烈地震的100万倍，爆炸的能量相当于地球上核武器总量爆炸的1万倍，导致了2.1万立方千米的物质进入了大气中。由于大气中高密度的尘埃，太阳光不能照射到地球上，导致地球表面温度迅速降低。没有了阳光，植物逐渐枯萎死亡；没有了植物，植食性的恐龙也饥饿而死；没有了植食性的动物，肉食性的恐龙也失去了食物来源，它们在绝望和相互残杀中慢慢地消亡。几乎所有的大型陆生动物都没能幸免于难，在寒冷和饥饿中绝望地死去。小型的陆生动物，像一些哺乳动物依靠残余的食物勉强为生，终于熬过了最艰难的时日，等到了古近纪陆生脊椎动物的再次大繁荣。

撞击假说的支持者发现了许多有力的证据，来证明他们的观点。最有力的证据来自在K/T（白垩纪和古近纪）地质界线上发现的铱异常和冲击石英。科学家们推测，这种高含量的铱元素就是那颗撞击地球的小行星带来的，冲击石英就是在撞击过程中形成的。

美国人查特吉大约10年前，提出了一种类似的假说。他认为，在白垩纪末期撞击地球的凶手不是一颗小行星或者陨石，而是彗星雨。大量的彗星雨撞击到地球上，形成一个环绕地球一周的撞击带，其中有2块巨大的彗星体成为了恐龙大灭绝的“主犯”：一块形成了我们熟知的墨西哥湾附近的巨大陨石坑，另外一块撞击到现在的印度大陆上，形成的陨石坑比墨西哥湾的陨石坑还大。

彗星撞地球中逃散的恐龙

除了陨石碰撞说外，关于恐龙灭亡还有一些其他说法。

造山运动说

在白垩纪末期发生的造山运动使得沼泽干涸，许多以沼泽为家的恐龙就无法再生活下去。因为气候变化，植物也改变了，食草性的恐龙不能适应新的食物，而相继灭绝。草食性恐龙灭绝，肉食性恐龙也失去了食物来源，结果也灭绝了。此一灭绝过程，持续了1000万~2000万年。到了白垩纪末期，终至在地球上绝迹。

气候变动说

由于板块移动的结果，海流产生改变，更引起气候巨幅的改变。严寒的气候使植物死亡，恐龙缺乏食物而导致了灭亡。

火山喷发说

因为火山的爆发，二氧化碳大量喷出，造成地球剧烈的温室效应，使得食物死亡。而且，火山喷发使得盐素大量释出，臭氧层破裂，有害的紫外线照射地球表面，造成生物灭亡。

有害气体致使恐龙灭亡

海洋潮退说

根据巴克的说法，海洋潮退，陆地接壤时，生物彼此相接触，因而造成某种类的生物绝种。例如袋鼠，袋鼠能在欧洲这种岛屿大陆上生存，但在南美大陆上遇见别种动物就宣告灭亡。

除了这种吃与被吃的关系以外，还有疾病与寄生虫等的传染问题。

温血动物说

有些人认为恐龙是温血性动物，因此可能禁不起白垩纪晚期的寒冷天候而导致无法存活。因为即使恐龙是温血性，体温仍然不高，可能和现生树獭的体温差不多，而要维持这样的体温，也只能生存在热带气候区。同时恐龙的呼吸器官并不完善，不能充分补给氧，而它们又没有厚毛避免体温丧失，却容易从其长尾和长脚上丧失大量热量。温血动物和冷血动物不一样的地方，就是如果体温降到一定的范围之下，就要消耗体能以提高体温，身体也就很快地变得虚弱。它们过于庞大的体躯，不能进入洞中避寒，所以如果寒冷的日子持续几天，可能就会因为耗尽体力而遭到冻死的命运。

自相残杀说

有人认为造成恐龙灭绝的真正原因是因为它们自相残杀的结果——肉食性恐龙以草食恐龙为食，肉食恐龙增加，草食恐龙自然越来越少，最后终于消失，肉食恐龙因无肉可食，就自相残杀，最后终于同归于尽。

物种的老化说

认为恐龙由于繁荣期间长达1亿数千万年，使得肉体过于巨体化。而且，角和其他骨骼也出现异常发达的现象，因此在生活上产生极大的不便，终于导致绝种。恐龙中最具代表性的雷龙，体长25米，体重达30吨，由于体型过于庞大，使动作迟钝而丧失了生活能力。另外，三角龙等则因不断巨大化的三只角以及保护头部的骨骼等部位异常发达，反而走向自灭之途。

生物碱学说

这种学说认为恐龙所生存的最后时期——白垩纪，开始出现显花植物，其中某些种类含有有毒的生物碱，恐龙因大量摄食，引起中毒而死亡。因为，哺乳类能够藉味觉和嗅觉来分辨有毒的植物，但是恐龙却没有这种能力。不过，含有生物碱的植物并非突然出现于白垩纪后期，在恐龙绝种的500万年前已经可以见到。此学说未说明何以恐龙在这段期间内仍能生存。

最近，科学家们研究了我国南雄地区白垩纪末期的恐龙蛋化石。他们发现这一时期的恐龙蛋壳中，包括铱在内的许多种元素的含量很异常，而且蛋壳的本身结构也不正常。他们推测，在白垩纪末期至古新世早期，印度德干火山的爆发造成天空弥漫着火山灰和有毒气体，环境被污染了，气候变恶劣了。恶劣的环境，尤其是被污染的食物对恐龙的生理产生负作用，影响了恐龙的繁殖，最终导致了恐龙灭绝。非常有趣的是，他们发现恐龙的大灭绝，不是突然之间完成的，而是持续了相当长的时间，甚至延续到了古新世。

争论归争论，我们必须承认的是，在6500万年前地球上发生的一切，可能并不是单纯的一声巨响，它可能要比我们想象的更为复杂。很多科学家认为，白垩纪末期恐龙大灭绝的原因可能是多样的：有地外因素，也有地内因素；有环境因素，可能也有恐龙本身的生理原因。恐龙的大灭绝是一个复杂的事件，科学家们还需要走很长的路，来揭示这一远古之谜。

知识点

显花植物

显花植物为形成花的植物综合分类群的总称。早期显花植物是一个广义的概念，是裸子植物和被子植物的总称，但是裸子植物的孢子叶球（球穗花）严格地说还不能看作真正的花，所以现在多数学者都采用狭义的概念，即有花植物或显花植物都仅指被子植物，不包括裸子植物。被子植物因为有雌蕊，所以也称作雌蕊植物。严格地说，蕨类植物的卷柏属和石松属等的孢子叶的集合体（孢子叶穗）也可看作是花。现在多将显花植物改称为种子植物。

鸟类的进化和迁徙

NIAOLEI DE JINHUA HE QIANXI

最早的鸟类大约出现在2.2亿年前，身体呈纺锤形，前肢特化为翼，体表有羽毛，体温恒定，肌胸发达，骨骼薄、中空，脑比较发达，另外，有气囊可以进行双重呼吸，这些身体特征都很适应飞翔。虽不能肯定，鸟类是由侏罗纪近鸟类进化而来，但可以确认，鸟类在白垩纪得到了很大的发展，到新生代开始，已于现代鸟类的结构无明显差别。鸟类的有规律的迁徙是多年形成的一种自发行为，对某些物种的存续有着非常大的意义。

鸟类的特征

实验表明，人们在回答“鸡是鸟吗?”比回答“麻雀是鸟吗?”的时间要更长些。为什么会出现这种情况呢?心理学家认为，这是因为人们往往把“会飞”作为鸟的特性。尽管有些鸟（如鸡、企鹅、鸵鸟等）不会飞，而且“会飞”也不只是鸟的特性。因为许多昆虫也会飞，可是由于绝大多数鸟会飞，“会飞”特性就成了鸟这一概念的典型特征。由于麻雀会飞，相对于鸡来说，是更典型的鸟，因而人们可以不假思索地回答“麻雀是鸟吗?”这一问题。

鸡

鸟类属于脊椎动物中的鸟纲，都是由爬行动物演化而来的，是高等脊椎动物中，适应于飞行而特化了的一支。我国现有的鸟类计有1186种，约占世界鸟类总数的14%共有21目81科。

鸟的主要特征是：身体呈流线型，大多数飞翔生活。体表被覆羽毛，一般前肢变成翼（有的种类翼退化）；胸肌发达；直肠短，食量大消化快，即消化系统发达，有助于减轻体重，利于飞行；心脏有两心房和两心室，心搏次数快。体温恒定。呼吸器官除具肺外，还有由肺壁凸出而形成的气囊，用来帮助肺进行双重呼吸。卵生。体温较高，通常为42℃。鸟类的胸骨上有发达的龙骨突，骨骼中空充气，这是鸟类适应飞行生活的骨骼结构特征。

鸟是两足、恒温、卵生的脊椎动物，身披羽毛。鸟的羽毛分为正羽（主要用于飞行）和绒羽（主要用于保温）。前肢演化成翼，有坚硬的喙（鸟的嘴）。鸟的体形大小不一，既有很小的蜂鸟也有巨大的鸵鸟和鸸鹋（产于澳洲的一种体型大而不会飞的鸟）。鸟类种类繁多，分布全球，生态多样，现在鸟类可分为三个总目。平胸总目，包括一类善走而不能飞的鸟，如鸵鸟。企鹅总目，包括一类善游泳和潜水而不能飞的鸟，如企鹅。突胸总目，包括两翼发达能飞的鸟，绝大多数鸟类属于这个总目。

归纳起来，鸟的主要特征可概括为：

（1）有角质喙，没有牙齿；

（2）身体被覆羽毛，前肢变为翼；

（3）心脏为四室；

（4）体温恒定；

（5）卵生。

知识点

鸟的分类

现今已知鸟类分为多个亚纲，即古鸟亚纲、今鸟亚纲、反鸟亚纲（已灭绝）、蜥鸟亚纲（已灭绝）。古鸟亚纲以始祖鸟为代表。今鸟亚纲：包括白垩纪以来的一些化石鸟类以及现存鸟类。现存今鸟亚纲鸟类可归为3个总目，即：(1) 平胸总目：为现存体型最大的鸟类，适于奔走生活。具有一系列原始特征。(2) 企鹅总目：潜水生活的中、大型鸟类，具有一系列适应潜水生活的特征。(3) 突胸总目：突胸总目包括现存鸟类的绝大多数，分布遍及全球。共同的特征是：翼发达，善于飞翔，雄鸟绝大多数均不具交配器官。

鸟类祖先是爬行动物还是恐龙

过去，人们一直认为，鸟类最初是由爬行动物逐步进化而成的。始祖鸟作为这一进化过程的中间阶段的产物，历来被人们当作鸟类的祖先。尽管这一进化理论似乎有一定道理，但是许多古生物专家对蜥蜴这样的爬行动物会不会真因突然变异和自然选择而变成鸟这一结论，仍多少持有怀疑的态度。于是，在学术界内，专家们针对鸟类的问题，展开了一场旷日持久的争论。

在达尔文的《物种起源》一书刚刚问世的时代，人们对于鸟类最早由爬行动物进化而来的说法，无论如何也是不能理解的。后来到了1861年，在德国境内的一处石灰岩石采石场中，考古人员发现了一块奇特的生物化石。这块化石残留有翅膀，嘴里有牙齿，翅膀前端有爪，并有着像蜥蜴一样的由多节尾椎骨组成的长尾。这块被称为“始祖鸟”的化石的发现，使许多考古学家和古生物学家为之振奋不已。因为不少人坚持的“鸟类是由蜥蜴进化而来”的这一观点，在这里找到了依据。但是，在今天，这一已被人们广泛接受的观点突然失去其权威性了。因为在1986年，美国的考古学家在得克萨斯州发现了一种比始祖鸟还古老7500万年的鸟类化石。并给它定名为“原始鸟”，鸟类的祖先这一“宝座”因而将被原始鸟夺走。古生物学家指出，如果事实上是这样的话，那么鸟类是由爬行动物进化而来的这一观点也将被否定。

始祖鸟复原图

关于始祖鸟的起源，英国博物馆的庞夫雷特指出，以往人们认为是鸟类祖先的某一爬行动物群体，实际上并不是蜥蜴。始祖鸟是由恐龙家庭的某一“成员”进化而来的，始祖鸟与恐龙既是“远亲”，又是“近邻”，它们都起源于槽齿类。不可否认，始祖鸟与一种被称作虚骨龙的小型恐龙，在骨骼上确有非常相似之处，因此早在上一个世纪，就有一些古生物认为，鸟类的祖先是这个群系的恐龙。

从外貌来看，现在许多鸟儿都与恐龙相像。恐龙中有一种叫鹦鹉嘴龙，它的嘴与会学说人话的鹦鹉的嘴十分相似。鸵鸟龙的脚和鸵鸟的脚一样。也有 3 个脚趾头，善于走路。鸵鸟龙没有牙齿，鸵鸟也没有。鸭嘴龙的嘴活像鸭子嘴，鸭嘴龙游水也像鸭子戏水。鸟类有毛，生活在 1.8 亿年前的联龙也是全身长毛。鸟类的骨骼是中空的，这样可以减轻体重，便于飞翔。早期的一些恐龙的骨骼也是中空的，科学家把这种恐龙称为虚骨龙类，虚骨龙轻巧机灵，外貌和身体结构都很像鸟。

博物馆中陈列的鹦鹉嘴龙

在探索鸟类起源的过程中，争论的焦点之一是锁骨问题。鸟类的左右锁骨相互粘连，是V型愈合锁骨，十分发达。而恐龙的锁骨则因退化而完全消失了。对此，持“鸟类起源于恐龙”的观点者认为，恐龙类和鸟类都来源于槽齿类，只是在后来的进化中它们的锁骨才发生了不同变化，不能凭这一点就说恐龙不是鸟类的祖先。可是，当上述观点提出来以后，有的科学家又发现了一些带有锁骨的虚骨类恐龙，经过化石分析后表明，始祖鸟与虚骨龙的骨骼有明显的共同之处，但是其中的许多特征是槽齿类生物所不具备的。这样一来，又推翻了以前关于恐龙与鸟类都起源于槽齿类的观点。

后来，当原始鸟的化石被发现以后，持有不同观点的专家学者们纷纷转移视线，试图从原始鸟的身上找回新的理论突破。古生物学家经过分析原始鸟的化石后，惊奇地发现，原始鸟与始祖鸟相比，具有许多更接近鸟类的特征。

一些科学家认为，鸟类的起源时间还要往原始鸟以前探究。原始鸟的发现，将有可能否定在此之前的鸟类起源于恐龙的观点。原始鸟化石的发现无疑为探究鸟类的起源提供了新的资料，但对于鸟类祖先究竟是谁，科学家们仍无法取得一致意见，只有发现了更古老的鸟类化石后才能作最后结论。

鸡的祖先就是恐龙

一批研究人员掌握证据，证实恐龙其实只是生长得太巨型的鸡。我们现在经常看到及用来烹成美食的鸡，它们的前身就是恐龙。

据香港《星岛日报》报道，一批科学家对恐龙骨头化石内残留的蛋白质进行研究，抽取分子进行分析，提供证据支持现在的鸟类和鸡，是从恐龙进化而成的理论。科学家一直认为，恐龙和现代鸟类的骨架十分相似，之前也发现过恐龙化石有类似羽毛的残留物。不过，科学家则是首次提出证据，证明恐龙和雀鸟在分子方面有联系。科学家把暴龙骨体化石中找到的皮胶原进行分解，利用先进的光谱仪分析其氯基酸成分，再与其他种类的生物作出比较。研究人员接着又把暴龙的分子，与鸡及鸵鸟的分子作出比较。

其中一位参与研究的哈佛大学专家阿萨拉说：“我们可以确定，暴龙与雀鸟——鸵鸟和鸡，比起我们研究的其他生物更加相近。”研究人员又说，鳄鱼和食肉的恐龙也十分相近，但推算下去，论到与恐龙的相似程度，鳄鱼又及不上雀鸟。

今天用来进行研究的皮胶原，是从一副估计已有6800万年历史的暴龙化石中抽取出来的。同时进行研究的还有一副50万年历史的古代乳齿象的化石。这些都是保存到现在、历史最久的动物化石蛋白质。

知识点

虚骨龙

虚骨龙又名空尾龙，是虚骨龙科下的一属，生活于晚侏罗纪，距今约1.5亿年前。虚骨龙是种小型、二足的肉食性恐龙，身长为2.4米，体重最大可达20千克。族群从小到大皆有，包括偷蛋龙及奔龙，一般认为鸟类起源于小型的虚骨龙。另一个理论认为暴龙为虚骨龙进化而来。按照现代新的分类观点，虚骨龙类已列入联尾龙类，其中包括鸟的祖先。它在进化上的显著特征是：在腭部的外孔，后肢比前肢约长一半。

对始祖鸟化石的研究

同许多古代生物的名字一样，始祖鸟的名字——Archaeopteryx也来源于希腊文，“archaeo”的意思是“古代的”，而“pteryx”则是“翅膀”的意思。所以“Archaeopteryx”直译为“古代的翅膀”，当然，应当翻译为“长着古代翅膀的生物”更合适，如古翼鸟。但始祖鸟并不是现代鸟类的始祖。

在空中飞翔的鸟类要保存为化石很困难，这是因为鸟类为了飞上蓝天，在身体结构上发育了轻而中空的骨骼（虽然始祖鸟并不会飞）。当远古时期的一只鸟寿终正寝，长眠于地上时，它的纤细的骨骼在风吹、雨淋和日晒的打击下，会逐渐破碎解体，最后变成尘埃；即便落在阴暗的地方，也会有其他食腐动物光顾，在它们饱餐之后，原地将只余下一堆破碎的骨头。只有宁静的湖泊和沼泽，才是鸟类永久安息的理想坟墓。在古代湖边或沼泽地栖息的鸟类，在死亡之后如果恰好坠落在细腻的淤泥中，而且此后的漫长岁月中淤泥缓慢地压实，变成石头，没有被温度、压力摧毁，才最终会保留下那只鸟儿的骨骼，幸运的话，还能在岩石中留下羽毛的印痕。如此苛刻的形成条件使鸟类的完整保存成为奇迹，保存下来的每件远古鸟类化石都价值连城。而且越是古老，化石的价值就越大，始祖鸟从年代上看，确实是人们发现的最古老的鸟类，它生活在侏罗纪。因此人们在教科书中记录了这样一句话：始祖鸟是最早的鸟类。但是现在，科学家们都认为始祖鸟是恐龙。

把始祖鸟划到虚骨龙家族中，主要是因为它的羽毛。我们用肉眼观察一根羽毛时，看到的是一条中空的茎的两边伸展出排列整齐的“毛发”，似乎结构很简单。只有当我们把羽毛拿到显微镜下观察时，我们才发现，每一条细小的“毛发”上面，还有许多复杂的结构，枝杈纵横，并且有钩状物相连。这是鸟类、恐龙的羽毛才有的特征。所以，确定一块化石是否属于虚骨龙的，要从显微结构上看化石上是否有虚骨龙羽毛独特的细微结构。始祖鸟的羽毛展现出了这些细微的特征，因此理所当然地成为虚骨龙家族的成员。有人说它就是现代所有鸟类的老祖宗，而事实可能是：盗龙才应该获得这个名誉。

可以从始祖鸟骨骼里辨认蜥形纲具有的特征。例如：结构轻巧的头颅在颚上的凹窝里有真正的齿；胸骨很小，没有龙骨突，前肢骨骼仍保留 3 个有作用的指，而没有其他鸟类所有的退化和融合。已演化的后肢带还具有明显的恐龙特点，具有长的骨质尾。其他非特片化的鸟类特征有扁平的脊椎，腹肋条，以及下腿骨的不完全融合。

迄今为止共发现了 10 枚保存骨骼、羽毛印痕的化石标本和 1 枚单根羽毛化石标本（那根羽毛最近被认为不属于始祖鸟）。由于始祖鸟既显示了明显的爬行动物的特征又保存了精美的羽毛，140 多年来人们一直将其作为介于恐龙与鸟类之间的“中间环节”（“missing link”）。由于始祖鸟化石稀少，加之地理分布十分局限，长期以来国际上一直围绕鸟类起源问题展开了激烈的争论，提出了各种各样的假说。

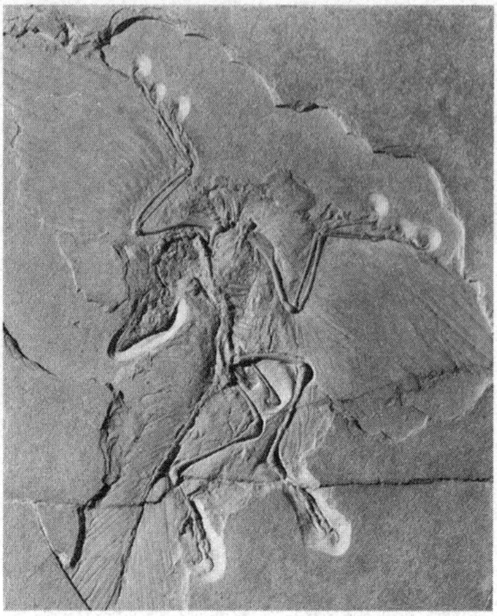

始祖鸟化石

这10例始祖鸟化石大都是在德国的巴伐利亚州的石灰岩层中发现的，距现在已有1.5亿年了，这些化石被证明为始祖鸟。这些化石上有清晰的羽毛印痕，而且分为初级和次级飞羽，还有尾羽。它的前肢化成飞行的翅膀，后足有4个趾，都朝着前面，而不是今鸟的三前一后；锁骨愈合成叉骨，耻骨向后伸长。这些特征都与现代鸟类相似。但奇怪的是，它的嘴里长着牙齿，翅膀尖上长着3个指爪；掌骨和跖骨都是分离的，还有1条由许多节分离的尾椎骨构成的长尾巴，这些特点又和蜥形纲极为相似。经研究证明，它是蜥形纲向鸟类过渡的中间阶段的代表，所以被称为“始祖鸟”。

始祖鸟也许不能飞行，但可能在内陆海岸边的地上追逐和捕捉昆虫和爬行动物。

那么类似于始祖鸟的近鸟类动物是怎样从地栖生活转变为飞翔生活的呢？关于这个问题，有两种说法。一种认为，盗龙之类的动物在树上攀缘，逐渐过渡到短距离滑翔，进一步变为飞翔。另一种认为，原始鸟类是双足奔跑动物，靠前肢网捕小型动物为食，前肢在助跑过程中发展成翅膀。

始祖鸟虽然仅仅发现在化石里，但它为鸟类的起源于恐龙提供了证据。

随着热河生物群的发现，始祖鸟的分类地位遇到了挑战。

在热河生物群，许多有真

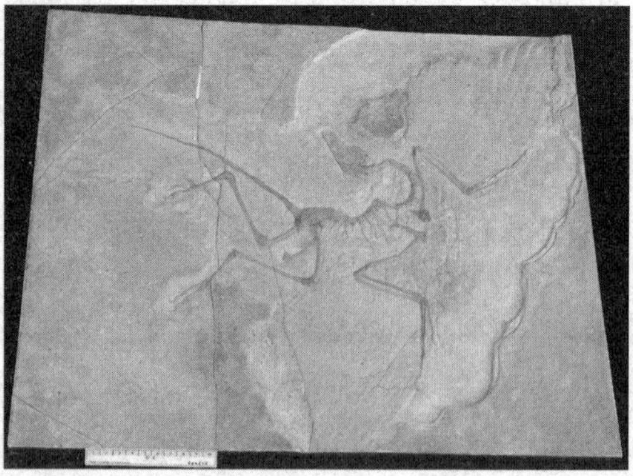

始祖鸟化石

羽毛甚至有完整羽翼的动物都被归入了恐龙类，而其中的某些种类比始祖鸟更接近鸟类，另一些则比始祖鸟更原始。但是因为古生物种类是不许改名字的，所以始祖鸟这个名称没有被触动，而它的分类地位，放在恐龙里才最合适。

知识点

热河生物群

热河生物群是指发现于辽西中生代晚期热河群的世界级生物化石群。热河生物群属于中生代，是一个既充满生气、又承前启后的生物群。它主要生活在以辽西地区为代表的我国北方、蒙古、西伯利亚、哈萨克斯坦以及朝鲜和日本等地区，距离今天大约1.2亿年左右的白垩纪早期。热河生物群种类繁多，保存精美，最初以东方叶肢介－三尾类蜉蝣－狼鳍鱼为代表，20世纪90年代带毛恐龙和原始鸟类等化石的大量出土震惊了世界。

生活在安第斯山脉的远古巨鸟

能想象一只轻型飞机般大的鸟从头顶飞过吗？虽然，人们无缘看到这一奇观。但是，这样的巨鸟的确存在过。曾经出版的美国《国家科学院学报》杂志刊登研究报告说，600万年前，今南美地区曾生活过一种名为“阿根廷巨鸟”的鸟类，它是人类已知最大的飞鸟，巨型飞鸟翼幅达7米。

此次发现是一支由美国古生物学家组成的研究小组，在阿根廷北部潘帕斯草原以及南美安第斯山脉发现阿根廷巨鸟的遗骸化石。经研究发现，阿根廷巨鸟生活在距今约600万年前，早于人类出现在地球上。阿根廷巨鸟重约68千克，翼幅达7米，体积近似一架轻型飞机，被认为是人类已知最大的飞鸟。阿根廷巨鸟头骨长度约为0.6米，喙也非常长，因而能够捕食体型庞大的猎物。古生物学家说，人们不必为阿根廷巨鸟感到担心，怕它因为太大、太沉而无法飞行。他们说，阿根廷巨鸟不仅能飞，而且飞行速度远胜于现在的某些鸟类，如安第斯秃鹰。阿根廷巨鸟平均每天能飞行约322千米。在合

传说中的巨鸟

适的条件下，飞行速度可达每小时 107 千米。

为破解阿根廷巨鸟的飞行奥秘，古生物学家利用测量轻型飞机飞行数据的电脑程序来测算阿根廷巨鸟的飞行数据。研究发现，阿根廷巨鸟并非像普通鸟类依靠拍打翅膀飞行，它通常选择以山上的一处高地作为出发点，然后靠奔跑滑翔升空。相比之下，对于阿根廷巨鸟而言，在平原起飞较为困难。美国得克萨斯理工大学的桑卡尔·查特吉教授说："它不可能站着拍拍翅膀就飞起来。它得从斜坡上奔跑下来，或者借助风力获得飞行动力，这与悬挂式滑翔机的起飞技巧相似。"查特吉教授是这项针对阿根廷巨鸟的研究报告的主要作者。不过，"一旦阿根廷巨鸟飞起来了，接下来就没什么问题"。查特吉说。起飞后，阿根廷巨鸟由于体重过沉，无法靠自身维持长时间飞行，但是它能够利用空气中上升的暖气流来获得飞行动力。阿根廷巨鸟在暖气流内随气流盘旋上升，并不断从一个暖气流进入另一个暖气流中。以此方式，阿根廷巨鸟平均每小时可飞行约 64 千米。

科学家说，阿根廷鸟能够飞翔，除了依靠自己的"聪明才智"外，还得益于它生活的地区得天独厚的自然环境。起自南大西洋的东风常年刮过潘帕斯草原，吹向安第斯东部山脉。正是这股东风为草原和山脉上方带来了上升气流。而阿根廷巨鸟正是借这些气流翱翔天际。此外，阿根廷巨鸟并非惟一懂得利用上升气流飞行的鸟类。几百万年后的今天，一些体型较大且羽翼宽大的陆地鸟类，如鹰、秃鹰、鹳之类，仍在利用同样的原理飞行。"这些鸟都是利用上升暖气流的'专家'。它们能借助气流飞到很高的高度，还能飞过漫长距离，到达不同的国家。"

鸟类的迁徙

鸟类迁徙是鸟类随着季节变化进行的，方向确定的，有规律的和长距离的迁居活动。在动物界中，类似的活动非常常见，在昆虫则称为“迁飞”，在鱼类则称为“洄游”，在哺乳动物则称为“迁移”。迁徙是鸟类生命周期中风险最高的行为，受到体能、天敌等多种因素的制约。

鸟类和其他生物迁徙行为的起源至今没有定论，较多学者认为，地球上交替出现的冰川期与鸟类迁徙行为的起源有着密切的关系，冰川活动期生活在纬度较高区域的鸟类被冰川逼迫南移，冰川北退后出于本能鸟类又迁回高纬度的繁殖地，从而形成迁徙的行为；也有学者认为迁徙行为源自自然选择的压力，由于迁徙行为是鸟类生命周期中最为艰苦和死亡率最高的阶段，因而有着迁徙行为的鸟类在迁徙过程中都经历了严苛的自然选择，有着这一行为的鸟类种群会在生存竞争中占据有理地位，正是这种原则压力造就了鸟类迁徙的行为。

迁徙中的鸟一般会结成群体，在迁飞时有固定的队形。一般有人字形(西文称为“V”形队)、一字形和封闭群。猛禽在白天迁飞，通常不结群迁徙，也会相对比较集中，但个体之间保持一定的距离。某些种的猛禽还会组成数量不等的混合群体进行迁徙。

迁徙的时间

不同的鸟类迁徙的时间也各自不同，大型鸟类以及猛禽由于体形较大或由于性情凶猛天敌很少，因而常常在白昼迁徙，夜间休息，以便利用白天由于日照引起的上升气流节省体力；但是更多的候鸟，包括体形较小的食谷鸟类、涉禽、雁鸭类等，则多选择夜间迁徙，白昼蛰伏、觅食的方式，选择夜间迁徙的鸟类会在凌晨异常活跃，在一些鸟道，迁徙季节时候凌晨鸟类的喧闹声甚至能够吵醒熟睡的人。研究显示，白昼迁徙的鸟类多利用太阳或者地面景观导航定位，夜间迁徙的鸟类则利用月光和星座导航。部分鸟类在穿越沙漠和大洋时由于没有落脚点会采取昼夜兼程的迁徙方式。

迁徙的影响因素

影响鸟类迁徙的因素有很多，其中既有外在的气候、日照时间、温度、食物等，也有鸟类内在的生理因素。

气候：在纬度较低的热带、亚热带地区候鸟较少而留鸟较多，而在中高纬度地区候鸟较多而留鸟较少。其主要原因低纬度地区气候变化较小，每年间各项气候指数相对稳定；而中高纬度地区季节鲜明气候变化较大。

温度：温度不仅仅影响了鸟类本身的感受同时也会影响鸟类的食物来源，当高纬度地区温度降低时，鸟类便会随之迁徙，而由于地形等因素的影响中高纬度地区也会有一些区域会保持相对较高的温度，生活在这里的候鸟就有可能转变为留鸟。

日照时间：有相当一部分候鸟，每年开始迁徙时间非常稳定，据室内实验的验证，这与日照时间有关，当日照时间达到一定长度以上或以下之后，会触发鸟类体内的某种反应机制，诱发其迁徙行为。

鸟的迁徙

食物：食物状况是影响鸟类迁徙一个重要因素，有学者认为，由于鸟类是恒温动物，本身对环境温度的变化较不敏感，因而温度因素对鸟类迁徙的影响主要就是通过食物来实现的，温度降低不仅食物本身的活动停止，而且鸟类的觅食活动也受到很大限制，正是这一因素迫使鸟类开始迁徙。

鸟类生理因素：根据对笼养鸟类的观察，每到繁殖季节鸟类会出现所谓“迁徙不安”的行为，部分物种会终日朝向迁徙方向站立；或不断试图起飞，一些夜间迁徙的物种会颠倒昼夜节律，在夜间显示出异常的活跃，由于在笼养条件下，气候、温度、光照、食物的条件终年不变，因而笼养鸟在迁徙季节的“迁徙不安”行为说明至少对部分物种而言，迁徙是其生命本能的一部分，受到其内在生理因素的调节。

哺乳动物时期

BURU DONGWU SHIQI

哺乳动物与人类的关系最为密切，是由兽齿类爬行动物演化而来，由于其特有的恒温优势以及中生代温暖潮湿的气候条件，哺乳动物得以快速发展起来。最早的哺乳动物生活在2亿年前的侏罗纪。从化石上看，早期的哺乳动物与爬行动物非常重要的区别在于其牙齿。爬行动物的每颗牙齿都是同样的，彼此没有区别，而哺乳动物的牙齿按它们在颌上的不同位置分化成不同的形态，可以透过各种牙齿类型的排列来辨识不同品种的动物。此外爬行动物的牙齿不断更新，哺乳动物的牙齿除乳牙外不再更新。

哺乳动物起源的新考证

6000万年以前，经过地壳的一次大变动，大洋洲和附近的岛屿跟世界的其他地方分开了，被包围在汪洋大海中间。在完全隔离的条件下，大洋洲的哺乳动物自己在进化，没有别的大陆上的哺乳动物去干扰它们。在以后的漫长的年代里，别的大陆上出现了更进步的哺乳类，有一些就是现代的野兽和家畜的祖先。它们都是胎生的，初生的幼儿发育比较完善。它们把原始的哺乳类，如单孔类、有袋类，都排挤掉了。

大洋洲却不是这样，野猪和老虎，鬣狗和狼，大象和羊，所有这些现代哺乳类的祖先，澳洲都没有。而其他大陆上早已绝灭的原始哺乳动物，恰恰还有一些今天还生活在澳洲。

大洋洲现在也有高等的哺乳动物了，这是近几百年来殖民者从别的大陆上带过去的。因此大洋洲成了一个古代哺乳动物的博物馆。6000 万年来，那些哺乳动物虽然顺着它们自己的进化道路也在发展，可是至今还保留着它们祖先的某些特征。你听说过满身长刺的针鼹和嘴巴长着硬壳的鸭嘴兽吗？这是世界上最奇怪的两种动物，它们跟猫一样身上长着毛，但是又和乌龟一样下带壳的蛋。它们雌的没有乳房，乳腺长在胸部的毛下面。从蛋里孵出来的幼儿就用硬嘴吸取母亲的胸部的毛下面的乳汁。它们是极原始的哺乳动物，叫做单孔类，除了大洋洲，别的地方还没有发现过。

澳大利亚一角

大洋洲还有一类哺乳动物，就是有袋类。它们不如针鼹和鸭嘴兽那样像爬行类，但是还算不得高等的哺乳类。袋鼠和袋熊都是有袋类，它们雌的并不生蛋，但是幼儿还没有发育好就生下来了。袋鼠的胎儿在母亲肚子里只待 7 个星期，生下来还是个瞎子，只有 2～3 厘米长，它爬进母亲胸前的袋子里，吸母亲的乳头。过了 3 个月，它才从袋子里探出头来；到了第六个月，才离

针　鼹

开它母亲的育儿袋。原始的爬行动物有一副支持腹壁的骨骼。有袋类虽然是哺乳类，也有这样一副骨骼。

大洋洲有些有袋类动物，长得非常像高等动物。树袋熊没有尾巴，样子很像一只小熊，可是它完全不是熊，而是有袋动物，雌的胸前也长着育儿袋。

树袋熊

大洋洲的单孔类和有袋类也在走向绝灭的道路，跟几百万年前别的陆地上一样。狗、猫和兔子，这些被人们带到大洋洲去的动物，正在迅速地损害那些更温和的原始哺乳动物。要是不加保护，它们会死光的。

许多古生物学家认为哺乳动物起源于5600万年前，但一项250年前的统计学技术促使研究人员改写了包括人类和所有其他分娩出生、完全发育的哺乳动物在内的哺乳动物的进化史，科学家近期在美国《科学》杂志上发表的新研究表明，哺乳动物有两个最古老的类群出现于1亿多年前，当时地球上称为冈瓦纳大陆的巨型南方大陆正在分裂。哺乳动物的祖先和恐龙同期生活过。

传统上，研究人员是通过估测两个假定亲缘种之间某个特定特征（如四肢长度）或特定DNA序列的变异程度来绘制进化树的。然而，这些进化树却容易因采用的数据和分析技术不同而出现差异。因此，来自美国马里兰州美国国家癌症研究院的威廉·莫菲和爱德华多·艾兹里克与美国加州大学的马克·施普林格合作，将DNA证据与贝叶斯定理结合起来用以描绘哺乳动物进

土　豚

化树。这项技术发展于18世纪，可用来评价新信息对现有观念继续保持正确的几率所造成的影响。

研究人员报道说所有哺乳动物起源于现在的非洲，而不是起源于古代北方大陆。他们的分析表明，哺乳动物可以整齐地分为4个类群，但又有一些变动。例如，最古老的类群包括大象、土豚和蹄兔。另一类群包括犰狳、树獭和食蚁动物等。一些更为普通的哺乳动物：啮齿类动物、野兔和灵长类组成第三个类群，第四个类群由食肉动物、鲸鱼、牛和马等组成。该研究的合作者之一美国国家癌症研究院的斯蒂芬·欧布莱恩称这种新的分组形式得到了有关数据的强有力支持，科学家们澄清了哺乳动物主要类群之间的模糊关系，指出目前对人类、大鼠和小鼠基因组测序所得到的成就只不过稍稍涉及了哺乳类动物多样性的一点皮毛。

这个发现还存有争议，研究小组从他们的同事那里得到了各种各样的评论。美国密立根州立大学的古生物学家菲利普·金吉里奇就评论说："他们关于较高级进化关系的论述看上去相当有道理，但是另一方面，他们对哺乳动物分化时间的确定看来还缺少证据。"在他看来，化石证据指向了完全不同的情况。要弄清楚，还需要更多的研究。

知识点

哺乳类动物的分类

根据生育方式，哺乳类动物分为三个主要下纲：单孔目动物、有袋类动物、有胎盘哺乳动物。除有5种单孔目的哺乳动物外，所有哺乳动物都是直接生产后代的。哺乳动物分为2个亚纲：原哺乳亚纲（包含卵生的单孔目动物）、兽亚纲（包含有胎盘哺乳动物和卵胎生的有袋类动物）。多数的哺乳动物属于有胎盘哺乳动物。6个大目中三个最大目分别是啮齿目、翼手目和鼩形目。啮齿目包括鼠类，翼手目包括蝙蝠，鼩形目则包括鼩鼱、鼹鼠及沟齿鼠。另三个最大目则是食肉目（狗、猫、鼬、熊、海豹等），鲸偶蹄类（有蹄动物、鲸鱼），灵长目（包括人类）。

哺乳动物的进化之路

恐龙走了，哺乳动物并没有立即繁荣起来，研究表明，哺乳动物是在恐龙灭绝后的相当长一段时间里才利用进化上的有利时机，迅速繁荣起来。早期哺乳动物分化所经历的时间比科学家之前所想的长得多，比如蹄兔，就和大象有着共同的祖先。

岩栖蹄兔

有专家指出，哺乳动物是在恐龙灭绝之后1000万～1500万年才真正开始占据地球主导地位的。有学者指出，在恐龙灭绝后的很短时间内，历史上曾经出现了哺乳动物快速分化的一个小高峰，但其中的大多数物种还未充分进化就已灭绝。而哺乳动物真正的分化开始于大约5600万～3400万年前的第三纪始新世。而开花植物在始新世的出现可能为哺乳动物提供了新的食物来源，从而促进了它们的分化。

6500万年前突如其来的宇宙小行星撞击地球导致了恐龙和其他很多生物的灭绝，这就是生物进化史上著名的生物大灭绝事件，当时约75%～80%的物种灭绝。长达数亿年之久的恐龙时代在此终结，这次生物大灭绝事件最大的贡献在于消灭了地球上处于霸主地位的恐龙及其同类，为哺乳动物及人类的最后登场提供了契机。今天哺乳动物的祖先才得到繁衍昌盛的机会。

在恐龙灭绝的时候，哺乳动物还非常小，介于鼩鼱和猫的体型之间。长期以来，人们持一种观点，认为由于恐龙灭绝，新哺乳动物因为有了更多的食物和栖息地而大规模繁殖，由此形成了一些新的物种。新的研究表明，在某种程度上，这种现象确实发生了，但是这些新形成的物种并没有留下后代。现代哺乳动物——如啮齿类动物、猫科动物、马、大象以及人类的祖先并没有在这个时期出现。相反，这些动物的祖先是在1亿年前~8500万年前和5500万年前~3500万年前两个时间出现了大爆炸式的演化。

第一个进化时间是与先前通过哺乳动物DNA进行的研究结果是一致的，比采用化石研究得出的结论要早一些。第二次大爆炸出现的时间是通过化石记录得出来的。这些结论解释了为什么不能在那个时期找到现代动物的祖先——恐龙的灭绝并没有引发进化，这些动物的祖先依然还很原始。

科学家在近期出版的英国《自然》科学期刊上发表了他们的上述研究结果，他们发现，事实上，大多数哺乳动物，包括灵长类，啮齿类和有蹄类的祖先是在6500万年前的大灭绝之前就出现的，并且成功地躲过了这次大灭绝。直到大灭绝后的1000万~1500万年，存活下来的各个哺乳动物种系开始走向繁盛并多样化起来。有些哺乳动物确实从这次大灭绝中得到了好处，但它们和现存的哺乳动物关系较远，其中的大部分在随后的进化中灭绝了。

该研究的负责人认为，白垩纪末期生物大灭绝后哺乳动物爆炸式的增长并不是原来认为的短期就完成的，实际的时程长很多，这一发现也对原来认为白垩纪末期生物大灭绝对今天存在的哺乳动物的多样化有重要的直接影响这一假说提出了挑战。

科学家分析了40多个现存的哺乳动物种系，发现哺乳动物的多样化速度在白垩纪末期生物大灭绝后的白垩纪和第三纪的交接点处几乎没有改变，而不是原来认为的恐龙灭绝后哺乳动物多样化速度会加快。其他科学家认为这项研究成果打开了更好了解哺乳动物进化历史的大门，也迫使人们重新去研究影响较晚期哺乳动物繁荣发展的生态和其他因素。

除了大洋洲，只有美洲还有一种活的有袋动物，叫做负鼠。其他各地的有袋动物，早就让位给它们的更成功的堂兄弟了。这些成功的哺乳动物大部分生活在陆地上，有一些生活在海洋里，如鲸和海豚；有少数是能够飞的，蝙蝠就是飞得最好的哺乳动物。

未来是属于哪一类动物的呢？哪一类动物将是世界的新的统治者呢？

牙齿长得像剑一样的老虎，在草原上咆哮着，追捕鹿和熊，也追捕鬣狗和狼。这些动物虽然动作敏捷，也得小心翼翼地对付那些饿慌了的肉食者。有一类动物多了一个优点，它们住在树上，碰到危险的机会就少得多。这些动物就是灵长类。

灵长类的祖先在6000万年前开始出现，它们身体长，腿短，有点像老鼠，最初跟别的小动物没有多大不同。在长时期的进化过程中，它们才变得更加适宜于生活在树上。

从这些早期的灵长类，发展出狐猴、猴子、类人猿，还有人。

你可知道，你的身体是上千万年在树上进化的产物？你可知道，你的祖先爬上了树就一直在树上生活，大约有5000万年之久不曾下地来长期生活？下面就是灵长类生活在树上的时期所发生的变化。

腿——前腿和后腿开始分工。后腿成了身体的主要支柱。前腿比后腿较为自由，经常用来试探什么，发展得越来越像手臂。手和脚——初期灵长类的手和脚都能用来抓东西，它们全靠手和脚把自己的身体悬挂在树枝上。它们的手指和脚趾长得越来越长，到后来大拇指和大脚趾很发达，能够对着其他4个指头弯曲过来。拿大猩猩的手和脚比较一下人的手和脚。眼睛——树居生活需要很好的眼睛。最成功的灵长类都长着两只大眼睛，两只眼睛还能够同时盯住一件东西。狗和兔子这些动物是办不到的，它们通常侧着脑袋，用一只眼睛来注视一件东西。它们的两只眼睛只能各看各的，

远古树上的进化名称

不能把目光集中在同一件东西上。灵长类能够用两只眼睛看同一个目标，所以能够判断那个目标离它们多远。它们可以从一根树枝跳到另一根树枝，而不会从树上摔下来。鼻子和嘴——灵长类的视觉很发达，因而嗅觉不必很敏锐，用来辨别气味的鼻子长得比较小。它们不再用嘴来取得食物，像牛和马啃草那样，它们是用手把食物送到嘴里去的，嘴只是用来咀嚼而已，不必再长得很大。最后，它们的面部渐渐长得跟人一样，鼻子小而扁，嘴也小得多了。头颅——灵长类的脑子越来越大，头颅就越长越圆。

当然，完成这些变化，需要很长很长的时间。在这漫长的年代里，地球又在变化了。

冰雪从北部和山地向南方和平原扩展，天气又慢慢地变冷了，炎热和潮湿的热带气候过去了。只能生活在莽丛里的许多身体庞大的奇形怪状的哺乳动物，又走到了进化的尽头。代之而起的是一些适宜于在新的气候下生活的新的种族。曾在西伯利亚平原上咆哮的长毛古象，便是其中之一。

知识点

始新世

始新世约距今5300万年~3650万年，是地质时代中古近纪的第二个主要分期，介于古新世与渐新世之间。始新世常被划分成早期（距今5780万~5300万年）、中期（距今5300万~4360万年）和晚期（距今4360万~3660万年）。始新世早期最令人受到注意的是，原始的现代哺乳动物的出现。

最原始的哺乳动物——鸭嘴兽

这个长着兽的身体却有鸭的嘴巴的动物，连恩格斯也向它认过错。

1843年，恩格斯在英国看到一只鸭嘴兽的蛋。人们告诉他：这是生活在澳大利亚的一种哺乳动物。恩格斯听后哈哈大笑：哺乳动物都是胎生的，鸭嘴兽是卵生的，因此肯定不是哺乳动物。后来，事实使恩格斯“不得不请求鸭嘴兽原谅自己的傲慢与无知”。相同的事例还有许多，大约1843年以前，英国从其殖民地澳大利亚弄来一件鸭嘴兽标本，运往伦敦时，曾遭到许多著名生物学家的反对。他们一致认为，这个标本是由几种不同的动物拼凑而成的，是伪造的，并扬言要追究是什么人的恶作剧。因为按照传统的概念，兽类都是胎生的，而不是卵生的。

鸭嘴兽是现存最原始的哺乳动物，仅分布在澳大利亚南部和塔斯马尼亚岛，它既像鸟类，又似爬行类，是一种十分奇特的哺乳动物。它的大小和兔子差不多，体形扁肥，长着像鸭嘴似的角质喙；四肢有蹼；有耳孔，无外耳，在水中耳孔会自动关闭。后脚上有一根中空的毒距，能分泌毒液，用以攻击对手，这是哺乳动物中独一无二的特点。

鸭嘴兽既不同于哺乳动类，有不同于爬行类，鸟类。它生殖，繁殖后代的方式非常奇特。她既产蛋，又哺乳。鸭嘴兽与鸟类，爬行类也有相似之处：卵，尿，粪都是由一个孔排出体外，所以叫“单孔类”。雌兽受精后在体内发育成两个卵。卵排出后，由母兽孵化，10 天后，小兽破壳而出。母兽没有乳房和乳头，只有在腹部有一个凹沟，像出汗一样分泌乳汁，小兽就爬到母亲的腹部添食乳汁。两个月后，幼兽睁开眼睛，但活动能力还很弱，4 个月后，小兽能独立游泳，觅食。

还有个奇特现象，成年鸭嘴兽没有牙齿，而小兽出壳前有一种特殊锋利

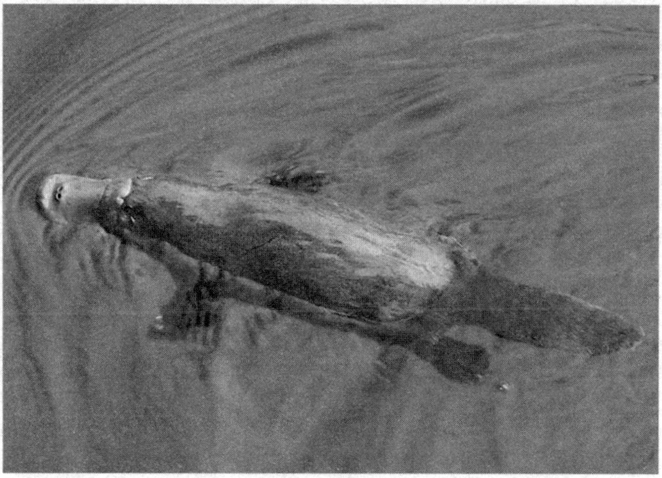

水中游弋的鸭嘴兽

的“卵牙”，用来打开卵壳。出壳后“卵牙”很快脱落，又长出十多颗“乳牙”接着又脱落，再生出来的是特化了的角质垫，是成兽当牙用的进食工具。

鸭嘴兽的家多建于河流、湖泊岸边，洞穴长达10～20米，有两个开口，一个在水里，另一个在岸边草丛中，水陆相通，十分方便。它利用嘴喙拱土和前爪刨土，穿洞速度比穿山甲还快。鸭嘴兽白天睡觉，晚上捕食。一般吃虫类，蚯蚓，蝌蚪，青蛙等。它的食量很大，吃相滑稽可笑，边吃边摇头晃脑。它的大部分时间是在水中度过的，连“婚礼”也是在水中举行的。

鸭嘴兽是从爬行类到哺乳动物的过渡型动物，关于它的祖先，现在还没有结论。

关于鸭嘴兽究竟属于哪一类动物，曾经在生物学界引起了一场热烈争论。有的科学家从形态学上观察，认为鸭嘴兽应归属于鸟类，其理由是：它那扁平的鸭嘴形嘴巴是角质的，没有哺乳动物特有的肉质的口唇；成年动物与鸟类一样，没有牙齿；尾巴扁平而宽阔；脚上长蹼，善于游泳；以下蛋来繁殖后代，胚胎靠卵黄的营养发育；雌体只有一侧生殖器官发生作用。这一系列特征都和鸟类相似。另一些科学家却认为，鸭嘴兽靠乳汁来哺育幼仔，浑身密布着浓褐色的短兽毛，应该归于哺乳动物。

鸭嘴兽

经过多年的争论，最后，动物学家以兽毛和哺乳作为分类的主要依据，将鸭嘴兽列入哺乳动物，称它为卵生的哺乳动物。因为在动物世界里，只有哺乳动物才有圆形的毛（鸟类的羽毛是扁的），才分泌真正的乳汁，而这两点鸭嘴兽都具备了。此外，鸭嘴兽还有肌肉质横膈膜、左体动脉弧（鸟类只有右体动脉弧），这些也是哺乳动物的特征。至于“鸭嘴兽”一名，是在这种动物被确认为兽类以后，根据它的嘴和鸭嘴相似才取名的。

知识点

胎生和卵生

胎生是指动物受精卵在母体子宫内发育，并由母体供应营养的一种生殖方式。哺乳类动物中除鸭嘴兽、针鼹是卵生外，其他的都是胎生动物。胎生为发育的胚胎提供了保护、营养以及稳定的恒温发育条件，能保证酶活动和代谢活动的正常进行，最大程度降低外界环境条件对胚胎发育的不利影响。卵生是指动物受精卵在母体外孵化发育成为新个体的一种生殖方式。卵生的特点是在胚胎发育中，全靠卵自身所含的卵黄作为营养。卵生在动物中十分普遍。

具有飞翔能力的哺乳动物——蝙蝠

人们常用“飞禽走兽”一词来形容鸟类和兽类，但这种说法有时却并不一定正确，因为有一些鸟类并不会飞，如鸵鸟、鸸鹋、几维和企鹅等；同样也有一些兽类并不会走，如生活在海洋中的鲸类等，而蝙蝠类不但不会像一般陆栖兽类那样在地上行走，却能像鸟类一样在空中飞翔。

蝙蝠是惟一一类演化出真正有飞翔能力的哺乳动物，有900多种。它们虽然没有鸟类那样的羽毛和翅膀，飞行本领也比鸟类差得多，但其前肢十分发达，上臂、前臂、掌骨、指骨都特别长，并由它们支撑起一层薄而多毛的，从指骨末端至肱骨、体侧、后肢及尾巴之间的柔软而坚韧的皮膜，形成蝙蝠独特的飞行器官——翼手。中国古代也有关于蝙蝠的记载，说它们生活在钟乳洞里，名叫仙鼠，那里的蝙蝠因为能够喝到洞里的水得到长生，千年之后它们的身体颜色也有了巨大的变化，从原来的黑暗的颜色变成了通身雪白。

蝙蝠的胸肌十分发达，胸骨具有龙骨突起，锁骨也很发达，这些均与其特殊的运动方式有关。它非常善于飞行，但起飞时需要依靠滑翔，一旦跌落地面后就难以再飞起来。飞行时把后腿向后伸，起着平衡的作用。蝙蝠一般都有冬眠的习性，冬眠时新陈代谢的能力降低，呼吸和心跳每分钟仅有几次，血流减慢，体温降低到与环境温度相一致，但冬眠不深，在冬眠期有时还会排泄和进食，惊醒后能立即恢复正常。它们的繁殖力不高，而且有“延迟受精”的现象，即冬眠前交配时并不发生受精，精子在雌兽生殖道里过冬，至翌年春天醒眠之后，经交配的雌兽才开始排卵和受精，然后怀孕、产仔。

蝙蝠中的多数还具有敏锐的听觉定向（或回声定位）系统。大多数蝙蝠以昆虫为食。因为蝙蝠捕食大量昆虫，故在昆虫繁殖的平衡中起重要作用，甚至可能有助于控制害虫。某些蝙蝠亦食果实、花粉、花蜜；热带美洲的吸血蝙蝠以哺乳动物及大型鸟类的血液为食。这些蝙蝠有时会传播狂犬病。

蝙蝠呈世界性分布。在热带地区，蝙蝠的数量极为丰富，它们会在人们的房屋和公共建筑物内集成大群。蝙蝠的体型大小差异极大。最大的吸血狐蝠翼展达1.5米，而基蒂氏猪鼻蝙蝠的翼展仅有15厘米。蝙蝠的颜色、皮毛质地及脸相也千差万别。蝙蝠的翼是进化过程中由前肢演化而来。除拇指外，前肢各指极度伸长，有一片飞膜从前臂、上臂向下与体侧相连直至下肢的踝部。拇指末端有爪。多数蝙蝠于两腿之间亦有一片两层的膜，由深色裸露的皮肤构成。蝙蝠的吻部似啮齿类或狐狸。外耳向前突出，通常非常大，且活动灵活。许多蝙蝠也有鼻叶，由皮肤和结缔组织构成，围绕着鼻孔或在鼻孔上方拍动。据认为鼻叶影响发声及回声定位。蝙蝠的脖子短；胸及肩部宽大，胸肌发达；而髋及腿部细长。栖息于空旷地带的蝙蝠，皮毛上常有斑点或杂色斑块，颜色也各不相同。

蝙蝠的取食习性各异，或为掠食性，或有助于传粉和散布果实，从而影响自然秩序。吸血蝙蝠对人类就是一个严重的问题。食虫蝙蝠的粪便一直在农业上用作肥料。整个蝙蝠群的性周期是同步的，因此大部分交配活动发生于数周之内。妊娠期从6~7周到5~6月。许多种类的雌体妊娠后迁到一个特别的哺育栖息地点。蝙蝠通常每窝产1~4仔。幼仔初生时无毛或少毛，常在一段时间内不能视不能听。幼仔由亲体照顾5周~5个月，按不同种类决定。

倒挂在树上的蝙蝠

几乎所有蝙蝠均于白天憩息，夜出觅食。这种习性便于它们侵袭入睡的猎物，而自己不受其他动物或高温阳光的伤害。蝙蝠通常喜欢栖息于孤立的地方，如山洞、缝隙、地洞或建筑物内，也有栖于树上、岩石上的。它们总是倒挂着休息。它们一般聚成群体，从几十只到几十万只。具有回声定位能力的蝙蝠，能产生短促而频率高的声脉冲，这些声波遇到附近物体便反射回来。蝙蝠听到反射回来的回声，能够确定猎物及障碍物的位置和大小。这种本领要求高度灵敏的耳和发声中枢与听觉中枢的紧密结合。蝙蝠个体之间也可能用声脉冲的方式交流。有少部分蝙蝠依靠嗅觉和视觉找寻食物。

科学家认为，蝙蝠是由大约1亿年前生活在树上的一种不会飞的哺乳动物进化而来的。

那时，蝙蝠在树枝间窜来蹦去，就像现在的狐猴和松鼠。渐渐地，某些蝙蝠的胳膊与身体之间长出了皮膜，这使它们在空中跳跃时能“飞”得更高、更远。拥有这种变异的蝙蝠比那些没有发生变异的同类更加灵活，能更好地适应环境，也因此能活得更长久，能生育更多的子女。在自然选择的作用下，蝙蝠的皮膜越长越宽，越长越厚，最终进化成了现在这样具有完整功能的翅膀。

黑暗中的蝙蝠

大熊猫演化历程的推演

熊猫生长于中国中西部四川盆地周边的山区，主要栖息于海拔 1600 ~ 3600 米，落叶阔叶林、针阔混交林和亚高山针叶林带的山地竹林内。主要分布在中国的陕西南部、甘肃及四川等地，80% 分布在秦岭、岷山、梁山、邛崃、大相岭、小相岭等 6 个山系，是中国特有物种。全世界野生大熊猫现存大约 1590 只左右，由于生育率低，再加上对生活环境的要求相当高，在中国濒危动物红皮书等级中评为濒危物种，为中国国宝。在 1961 年世界自然基金会成立时就以大熊猫为其标志，大熊猫俨然成为物种保护最重要的象征，大熊猫也是中国作为外交活动中表示友好的重要代表。

从远古的食肉类祖先演变成今天专以竹子为食的物种，是大熊猫演化过程中最特别和最难弄清楚的问题。

近百年来，古生物学家在亚洲、主要是在中国发现了上百个大熊猫的化石地点，对这种动物 200 万年以来的演化历程有了一个比较明确的认识：无论是早更新世的大熊猫小种，还是中晚更新世的大熊猫巴氏亚种，除了体型

国宝大熊猫

不同外，它们与现生的大熊猫至少在头骨和牙齿的形态、结构方面没有什么根本的区别。那么200万年以前的大熊猫又是什么样子呢？现在还不得而知。20世纪80年代初，我国的古生物学家在云南禄丰找到了一些零星牙齿化石，从这些牙齿的咬面形态和结构看，它已具备了一些现生大熊猫的相应特征，古生物学家给它起了一个名字叫禄丰始猫熊，这可能是目前世界上所知最早的大熊猫的祖先类型了。在这之前，在欧洲的匈牙利也发现过少量的“郊猫熊”牙齿化石，在时代上它比“始猫熊”晚，也是发现在褐煤层中。但因它没有“后代”，难以断定它就是现生大熊猫的祖先类型。始猫熊和郊猫熊都出自褐煤层中，可见它们是生活在沼泽地带，因此不可能以竹子为食。那么大熊猫从什么时候开始食竹？又为什么要改食竹子呢？这依然是个谜！

由于生存条件的恶化和自身繁殖力极低，现生的大熊猫已成为濒危物种。科学家们正在为它们营造合适的生存环境，并设法利用现代科学技术对这个物种进行“克隆”，愿这个人见人爱的物种繁衍不衰、永远昌盛。

演　化

进化出来的“拇指”可以让大熊猫灵活地抓握竹子，大熊猫的祖先是始熊猫（Ailuaractos lufengensis），这是一种由拟熊类演变而成的以食肉为主的最早的熊猫。始熊猫的主枝则在中国的中部和南部继续演化，其中一种在距今约300万年的更新世初期出现，体形比现在的熊猫小，从牙齿推断它已进化成为兼食竹类的杂食兽，此后这一主支向亚热带扩展，分布广泛，在华北、西北、华东、西南、华南以至越南和缅甸北部都发现了化石。在这一过程中，大熊猫适应了亚热带竹林生活，体型逐渐增大，依赖竹子为生。在距今50万~70万年的更新世中、晚期是大熊猫的鼎盛时期。现在的大熊猫的臼齿发达，爪子除了五趾外还有一个“拇指”。这个“拇指”其实是一节腕骨特化形成，学名叫做“桡侧籽骨”，主要起握住竹子的作用。

由于大熊猫和小熊猫都兼有熊和浣熊的特性，也与这两个科的动物有着明显的差异，它的科学分类一直有争议，有人提议把大熊猫单列为熊猫科来解决这个问题。即使用现代的基因测试技术，对不同的蛋白或核酸进行比对可能得出大相径庭的结果。因此大熊猫的分类至今仍有很大的争议。

习性与繁衍

大熊猫喜欢独居，每只大熊猫有单独的活动区域。除发情期外，常过着独栖生活，昼夜兼行。巢域面积为3.9~6.4平方千米不定，个体之间巢域有重叠现象，雄体的巢域略大于雌体。雌体大多数时间仅活动于30~40公顷的核域内，雌体间的核域不重叠。

成年大熊猫的发情期很短，尤其人工饲养后发情更为不易，一年里雌性熊猫的发情期只有几天，交配后就分开，熊猫仔由雌性单独养育。熊猫在野外身手灵活，善于爬树，遇到危险时奔跑速度很快。大熊猫常在冷杉的大树洞里生育，一胎产一仔，有时产两仔，怀孕时体貌无明显变化。出生的大熊猫幼仔只有一二两（1两≈33.33克）重，呈粉红色，与成年熊猫形态差别很大。由于熊猫以竹子为食，每天需要长时间进食来保证热量的供给，在育幼期母熊猫也要离开幼崽2~4个小时外出觅食。

饮食习惯

大熊猫的食物主要是箭竹。竹子的特点是一年四季都能茂盛青翠，而且各部分的营养成分大体一致，它们吃竹子的心和竹笋，有时也吃竹叶。但熊

吃竹子的熊猫

猫的肠子很短，也没有供发酵纤维素的共生细菌。熊猫只能吸收吃下去的竹子的17%，而鹅的食物虽然通过消化道很快，它们的利用率也有30%。这就使得熊猫每天进食时间长达10个小时以上。由于熊猫摄食的竹子种类很多，而它的栖息地又有很多种竹子生存。对于竹子周期性的开花死亡，没有确凿的研究证据表明熊猫会因此挨饿而危及生命。倒是栖息地的人工开发，让熊猫的生存环境缩小从而无法找到合适的竹林。熊猫有时亦会吃肉，尤其是怀孕期的熊猫，常需要吃肉摄取营养。古时候有许多关于熊猫吃铁的记载，熊猫还因此得名食铁兽，这多发生在熊猫闯入人的居住地，它强劲的下颚足以咬下铁锅，但为什么要吃这些东西就不得而知了。在人工养殖下，成年大熊猫每天食用17~20千克竹叶或者竹竿，夏天则食用45~50千克鲜嫩竹笋，成都市大熊猫繁育研究基地还为熊猫专门配制了窝窝头、苹果、牛奶和玉米粥。

知识点

更新世

更新世是第四纪的第一个世，距今约260万年至1万年。更新世是构成地球历史的第四纪冰川的两个世中较长的第一个世。在此期间发生了一系列冰川期和间冰川期气候回旋。地层中所含生物化石，绝大部分属于现有种类。更新世中期是全球气候和环境变化的一个重要时期，当时气候周期转型，全球冰量增加，海平面下降，哺乳动物迁徙或灭绝。

人类时代终于来临

RENLEI SHIDAI ZHONGYU LAILIN

由猿到人的转变是人类演化史上最为关键的一步，这是一个质的飞跃。多数人类学家认为，在从猿到人的演化过程中，并不是呈链条式的直线向前发展，而是呈开放树形进化模式，而且在进化发展的过程中，也不是单线一直向前的，而是多线并进，其中的一支最终发展成了早期的人类，即原始人，其他各支没有进化成功，或者被自然界淘汰了，或者发展成为别的类猿，总之，由猿到人的转变应是一种复杂、多线、曲折的演化过程。

从猿到人的三个发展阶段

恩格斯说："一切对立都经过中间环节而互相过渡。"在人和猿之间也是这样，从古猿到现代人是一个漫长的转变过程，有一个复杂的亦人亦猿的过渡阶段。在人的形成过程中只有劳动的萌芽，从使用工具以至制造工具，要有一个很长的从量变到质变的转化历程。从制造工具开始，人类便在地球上出现了，以后便是人类的发展。现将人类的发展过程分为 3 个阶段。

能人时期

能人，意思是有能力的人。能人时期是原始人类发展的第一阶段，也是人脱离古猿祖先最初的阶段，相当于地质历史的第四纪初期，距今约 190 万年。这时的人已初步学会制造和使用工具，具有了人的性质。

现在发现的能人化石主要在非洲坦桑尼亚奥尔杜威峡谷。在我国的云南省元谋县、河北省阳原县的泥河湾等地也发现了更新世早期的人类化石或石器。

从已发现的能人化石来判断，能人吻部突出，没有下颏，头盖低平，额向后倾，外貌很像猿，但脑量可达 650 立方厘米，比现代猿高。他们的眉骨嵴不甚发达，牙齿的构造和排列方式等和人接近；髋骨和肢骨也与人相似，表明已能直立行走，但不如现代人那样完善，身体还有些前倾，在迈步行走时，步态稍为笨拙。在发现能人的地层中，同时发现有石器和使用过的兽骨，说明他们已能制造简单的工具。从当时沉积的性质和伴生动物群来看，他们生活在一种空旷的原野里，以狩猎为生。

直立人时期

直立人具有比能人更接近现代人的特征。例如，他们的身材增高，脑量增大，面部和牙齿相对的较小，行为活动更为复杂，已能完全用两足直立行

周口店北京猿人遗址

走。但这种人眉嵴粗壮，嘴部突出，仍带有一些原始性质，所以也叫猿人。直立人大体生活在距今50万年前后的更新世的中期。

目前发现的直立人化石有：我国的北京人、蓝田人以及印度尼西亚的爪哇人；欧洲的海德堡人；阿尔及利亚的毛里坦人及非洲的舍利人等。下面我们以北京人为例，说明这一时期的特点。

北京人也叫北京猿人，第一个完整的头盖骨化石是1929年在北京西南54千米周口店的山洞内发现的。

北京猿人体质形态的特点

北京猿人头骨的主要特点是：头骨的最宽处在左右耳孔稍上处，向上则逐渐变小，而现代人的头骨最宽处则在较高的位置。北京猿人头骨的高度比现代人小，额向后倾斜。平均脑量为1075立方厘米，而现代人平均为1350立方厘米。左右两眉嵴比较粗壮而向前突出，且左右相连，在眼眶上方呈屋檐状。颅顶正中有明显的矢状脊，后部有很发达的枕骨圆枕。另外，北京猿人的头骨厚度比现代人几乎厚一倍。

北京人遗址

北京猿人的牙齿，无论齿冠或齿根，都比现代人粗大，表现了原始的特征。从北京猿人头骨和牙齿的特征来看，介于现代人与现代猿之间。

另外，北京猿人的肢骨，虽然发现的材料不多，不过由肢骨的情况证明（由股骨脊的存在和肱骨短于股骨的事实）北京猿人已能直立行走。根据股骨的计算，北京猿人男性身长162厘米、女性为152厘米左右，相当于现代华北人的中等身材。

北京猿人的生活情况

从已发现的遗迹来看，北京猿人已经学会使用和制造简单的石器，其中大部分是未经修制加工的。由石器的形状来看，可以分为石斧、锤形器、尖状器、刮削器等。这些石器可用来狩猎、杀戮、切割食品之用。另外，北京猿人也开始使用骨器。在北京猿人住的洞穴中，发现有火的痕迹，说明北京猿人已能用火。至于火的来源迄今还不清楚。不过猿人能够用火有很大的意义。因为火可以使人们熟食，缩短消化过程，并且可以防寒，在洞口燃烧火堆还可以惊避野兽。所以，火的运用是一次能源革命，标志着人类对自然界的认识已经有了很大的飞跃，标志着人类本身已经进入了一个划时代的阶段。

人类生活的遗迹——群居及火的应用

另外，由猿人洞穴中所发现的灰烬堆积、兽骨残物以及成千的石器工具，说明猿人的生产活动以采集植物为主，狩猎为辅；社会组织还很原始，叫原始群；社会成员间关系仍较松散，没有发现对死者进行埋葬的迹象。

北京猿人的发现在全部人类历史上有很重要的意义，它填充了人类起源锁链上的一个环节，给研究人类起源的历史开辟了新的一页。

智人时期

智人是人类发展的第三阶段，比猿人更接近于现代人。智人可分为早期智人和晚期智人。

早期智人

早期智人也叫古人，出现在第四纪的中期，距今约20万~30万年。人类演变到这个时期已经失去了大部分像“猿”的特征（如眉骨隆起，嘴部前伸等)，而发展到现代人的样子。这种人类广泛分布于旧大陆的大部分地区。首次发现是欧洲的尼安德特人。

尼安德特人是1856年在德国尼安德特山谷中发现的。当时出土一具骨骼，连同头骨共14块。从现有的化石断定，尼安德特人比现代人矮，身体粗笨。他们已失去了猿类的大部分特征，而具有了人的特征。例如，尼人的脑量不比现代人小，脸的下部不像能人、猿人倾斜突出。不过，他们的头盖骨还比较原始，额部仍较低平，眉嵴不太低，下颚的颏部尚未凸起等。

从所发现的石器来看，已具有了初步加工的磨制工具。工具的种类不仅有石器，而且有骨器，可供砍、切、削、刮、凿、穿、割等工作之用。工具的精致程度比以前更前进了一步。由化石的情况推知，尼人阶段仍过着群居狩猎生活，身穿兽皮，并知道了用火。这时可能已产生了埋葬死者的习惯，迷信思想可能开始萌芽。这一时期可能由原始群居过渡到氏族制度阶段，氏族制度正在萌芽。

晚期智人

晚期智人也叫新人。这种人生活在第四纪末，距今10万年左右。人类演变到这个时期体质形态完全与现在人相似了。但是这种人目前已经绝灭了。他们只以化石的形式在地层中保留下来。这一时期发现的化石在欧洲有克鲁马努人；在中国有山顶洞人（北京)、柳江人（广西）等。

克鲁马努人是1868年在德国西南部克鲁马努地区发现的。这种人在各地出土的头骨和体骨很多，约有百余件。从发现的化石来看，克鲁马努人的体质结构基本上和现代人相似。此时的人肩宽胸厚四肢灵活，头部额高而弯，头顶宽大，没有脸部斜出的现象。根据上下腿骨长短的情况可知，克鲁马努人行走迅速，动作灵活，完全不像笨拙的尼安德特人。克鲁马努人的劳动工具有石器和骨器，其精致程度也比以前更进步。在雕刻绘画方面也有所发展。

人类进化图

他们虽然过着狩猎的生活，合群能力更强。通常住在洞穴中，有时也住在平原上。

山顶洞人是1933年在周口店龙骨山上的山顶洞内发现的。共计有7个个体的骨骼，其中有3个完整的头骨。这些化石也和解放前发现的北京猿人化石一样，都被当时美国的侵略者掠夺去了。据地层的研究，估计山顶洞人距今约5万年，比克鲁马努人稍晚。在山顶洞人居住的场所，我们发现许多石器，其中最珍贵的是一枚骨针，针长22厘米，由刮削和磨制而成。由于骨针的发现说明他们已经具有缝纫的能力。另外，在洞穴内发现许多装饰品，如石珠、钻孔的石坠、穿孔的牙齿等。表明了物质生活的发展，推动了精神生活的发展，山顶洞人已有了一定的文化。他们已学会磨制石珠和在石坠上钻孔以及染色的技术等。这时埋葬死者的办法比以前更加复杂，反映出人类社会进入了母系氏族公社时期。

新人分布在世界各处。由于他们所处的环境条件不同，如地带、气候、湿度、阳光等方面的差异，于是形成了现在世界上各色各样的种族。

由以上原始人类的进化过程来看，从古猿到能人，由能人到直立人，人类体质形态上的演变比较快。智人以后，到现代人，体质、形态的演变则逐渐迟缓下来。

知识点

蓝田人

蓝田人通常称作蓝田猿人，学名为“直立人蓝田亚种”，是我国的直立人化石。生活的时代是更新世中期、旧石器时代早期。1964 年发现于陕西省蓝田县公王岭，因此命名为“蓝田人”。

蓝田人为一 30 多岁女性的头骨。眉嵴硕大粗壮，左右几乎连成一条横脊；头骨高度很低；骨壁厚度超过北京人，脑量只有780 毫升，小于北京人。蓝田人是目前亚洲北部所发现的最古老的直立人。蓝田人的年份要早于北京人数十万年，他们在体质形态上有不少差别。蓝田人的容貌更似猿猴，智力和四肢也相对不如北京人发达。

人与猿类进化中的异同

从解剖学来看，人非常像一般的哺乳动物。人体上所具有的典型器官，如骨骼、心脏、脑等，一般哺乳动物也有。另外，人体上存有许多退化和不发达的器官，如盲肠、耳肌、退化的毛发等，这些部分在一般动物的身体上还是正常地发展着，而且对动物的生活有着重要的意义。这些退化部分的存在，说明了人类祖先在发展过程中这些部分曾经是有用的，以后由于生活条件的改变，才在新的条件下变得无用或用处不大，因而丧失了原来的机能而退化了。在人体上偶尔还出现返祖现象。

人不仅与一般动物有亲缘关系，尤其是与类人猿有更近的亲缘关系。猿的中枢神经系统比较发达，行为也比较复杂。猿胚的发育与人胚的发育相似的时间最长。这些相似性说明了人与类人猿有着共同的祖先。另外，人与类人猿也有着本质的差别。虽然类人猿的一些动作几乎接近于人，但它们没有意识，不能和人一样进行抽象的思维，特别是不会制造工具，进行劳动。由

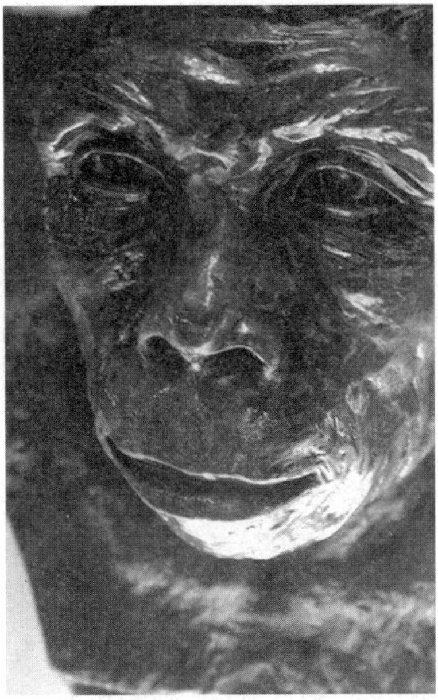

早期人类头盖骨像

此，猿的行为仅仅是借条件反射来完成的，许多是本能的行为。此外，在形态结构上，人与猿也有很大差异。如猿类不能完全独立地直立行走，猿的前肢比后肢长，趾与指没有明显的分化，猿的脑轻，人的脑重，头骨的结构不同，等等。这些差别，说明了人与猿在进化过程中经历了不同的发展过程。

美国纽约曾经展示过一具约 4700 万年前的动物骨骼化石，该化石来自德国。研究人员认为，这种动物有助解释猿、类人猿和人类的进化根源。研究人员在当天纽约自然科学博物馆举行的新闻发布会上说，没有人断言那是猿类和人类的直接祖先，但它能很好地表明很久之前祖先的样子，成功填补了人类进化历程中的“缺失环节”。

这种动物被称为“达尔文系马西莱”，以《物种起源》作者达尔文和发现地命名，研究人员给它起了个昵称“艾达”。它大约有一只小猫大小，有 4 条腿和一条长尾巴。

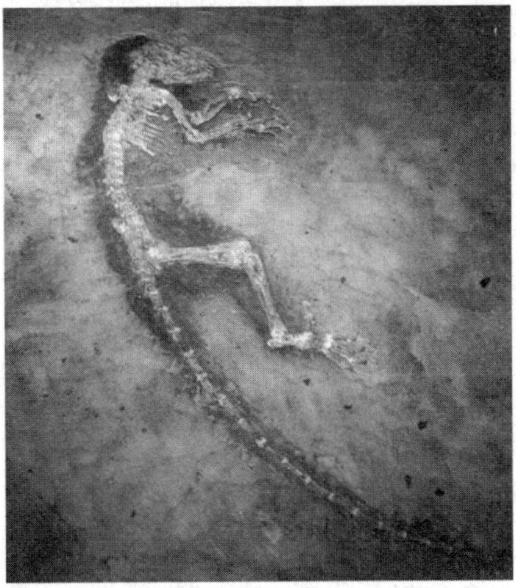

艾达化石

展出的组织者说，这具动物化石 1983 年发现于德国法兰克福东南地区，该地区是始新世时期生物化石的重要发现地。据悉，当时的私人收藏家并未意识到它的重要性，却把它一分为二，并且把两部分全部售出。较小部分被研究人员找到，不过这个骨骼化石标本被修补过，似乎看起来更完整。较大的那部分最近刚刚进入公众的视野，现在属于挪威奥斯陆大学国家历史博物馆。

美国一大学的教授研究这一化石已两年。他说，这具雌性动物化石保存近乎完整，仅有大约5%缺损，是迄今发现的保存最好的灵长类动物化石，人们甚至还能清晰地在岩石中看到它身体上的软毛纹理。并且，动物化石中带有指甲的指尖部位仍清晰可见，肠胃内的残留物表明它食用树叶和果实，缺损部分为一条腿的下半部分。该教授认为，尽管拖着一条长尾巴，但这一动物已表现出几处人类特征，包括对生拇指、短臂和腿等。它向前突出的眼睛和人类的一样，使它的视场能够重叠，有立体感和距离感。据推测，这个物种可能是生活在今天马达加斯加一带的一种类人猿的祖先。

教授及其研究人员还表示，“艾达”很可能是在夜间活动。但他们认为“艾达”并不是真正的类人猿。X光照射显示，“艾达”同时有婴儿和成人的牙齿，但它没有像细齿梳子一样的爪子，而这是狐猴的特征。狐猴也是灵长类动物，但被认为更为原始，与大猩猩及人类不属于同一个种群。可以说，“艾达”的发现为之前发现的所有灵长类动物化石提供了完整的古生物学解释。“这是人类进化中的第一环。”他说。但也有部分研究人员对这一动物与猿类和人类祖先“密切相连”的观点持不同看法。

研究人员估计，“艾达”死亡时大概只有9个月大。X光片显示“艾达”可能死于手腕骨折，据推断，在手腕骨折后，“艾达”无法攀缘而被迫改为陆地生活，居住在火山附近。在一次去梅塞尔湖畔喝水的时候，它不幸因湖畔二氧化碳过浓而窒息。由于手腕骨折行动不便，“艾达”慢慢失去了意识。它被水冲刷进湖中，最终沉入湖底，而湖底独特的条件使“艾达”的尸体得以保存4700万年。

知识点

类人猿

类人猿也叫猿类，是猩猩科和长臂猿科动物的总称，属哺乳动物，灵长目。类人猿的亲缘关系与人最为接近，这也是称其为类人猿的原因之一，类人猿具有复杂的大脑，牙齿的数目与结构，眼的位置，外耳的形状，胸廓、血型，寿命、孕期等，均与人相近。其中，黑猩猩与人类99%的基因是相同的。但类人猿的前肢较后肢长，因此，只能半直立行走及臂行，这是与人类显著的区别。

高等灵长类的祖先——中华曙猿

人是哺乳动物中灵长类的一分子。我们人类能够最终发展到今天所依赖的生物学特征，最初是在灵长类动物中出现的。那么，灵长类与其他的哺乳动物有什么不同呢？换句话说，灵长类为何“灵长”呢？

绝大多数灵长类都栖息在树上。在树上生活意味着脚下没有土地可支撑，因此必须用四肢抓握树干。与此相适应，灵长类的爪子逐渐转变为每个手指都能够单独活动的手，拇指还能够与其余的手指对握。这样，不仅提高了灵长类的抓握能力，而且由于拇指和食指指尖的对握可以形成环状，从而大大提高了手掌抓握物体的准确度。这一进化特征的出现不仅对早期灵长类搜寻昆虫等食物非常有利，而且为后来灵长类可以用手灵巧地摆弄各种物体，直至最后能够制造和使用工具打下了基础。

酷似人类的灵长类

与手部的灵巧活动相配合，灵长类发展了立体的视觉，使得它们能够从三维空间观察物体。这是灵长类充分掌握四周环境特质的先决条件，也是激发它们好奇心的原动力。

此外，灵长类还发展出辨认颜色的能力。

这样，灵长类能够把触觉、味觉、听觉，尤其是色觉和立体视觉感受到的各种信息输入脑中。脑接收外界的信息与日俱增，进而能够把各种信息分类排比，最终导致了智力的发展。这样的智慧，是任何其他动物都没有的，这也就是为什么我们把这类动物叫做“灵长类”的原因。

灵长目分为2个大类（亚目），即低等灵长类（原猴亚目）和高等灵长类(类人猿亚目)。

低等灵长类起源于中生代末期。现生的原猴亚目分为3个次目：分布于马达加斯加岛的狐猴次目，生活在非洲以及南亚森林地区的瘦猴次目以及分布在东南亚部分岛屿上的眼镜猴次目。

高等灵长类起源于低等灵长类。从现生的高等灵长类与现生的各种低等灵长类的形态和DNA结构的对比来看，高等灵长类与眼镜猴类最为接近。因此，许多科学家认为高等灵长类与眼镜猴类拥有共同的祖先，它们共同起源于一种称为始镜猴类的古老的低等灵长类。

在20世纪90年代之前，最早的高等灵长类化石发现在非洲距今大约3900万年前始新世末期的地层里，它们与始新世一种原始的狐猴类——北狐猴在形态上有许多相似之处。因此，另外一些科学家则认为，高等灵长类起源于狐猴类。

在两派争论正酣的时候，我国科学家于1994年在江苏溧阳发现了中始新世（距今4500万年左右）的最早的高等灵长类“中华曙猿”。所谓“曙猿”，意思就是“类人猿亚目黎明时的曙光”，它是迄今人类所知道的最早的高等灵长类。不久，科学家又在山西垣曲黄河岸边发现了一对几乎完整的、带有全部牙齿的曙猿下颌骨。它被命名为“世纪曙猿”，通过对它的研究，科学家确信曙猿在许多形态结构上比过去所知道的所有其他高等灵长类都要原始，同时它又与古老的始镜猴类有许多相似之处。

1999年，在缅甸中始新世晚期地层中发现了类人猿亚目曙猿科的另一个新属种——邦塘巴黑尼亚猿。

埃及法尤姆地区发现的大量化石表明，高等灵长类在距今约3900万年的始新世晚期就已经开始向两个亚科发生了分化，即副猿亚科和森林古猿亚科。前者有3个前臼齿，可能是现生猕猴超科的祖先；后者只有2个前臼齿，可能是人猿超科的祖先。

在随后漫长的岁月里，高等灵长类发生了许多次分化，演化出大量的分支，繁衍成一个庞大的家族。

现在的高等灵长类分为阔鼻猴类（又称新大陆猴类）和狭鼻猴类（又称旧大陆猴类）。前者分布在美洲大陆，后者则分布在欧亚和非洲大陆。

猕　猴

阔鼻猴类仅有一个卷尾猴超科。迄今最早的阔鼻猴类的化石是在南美洲的早新世地层中发现的。

狭鼻猴类有两个超科，即猕猴超科和人猿超科。猕猴超科包括疣猴科和猕猴科，其中猕猴科是现生灵长类中除了人以外最成功的类型，包括白眉猴、长尾猴、赤猴、狒狒、狮尾猴、山魈、猕猴等许多属种。人猿超科包括猿科和人科，其中现生的猿科动物有亚洲的长臂猿、猩猩和非洲的大猩猩、黑猩猩。

这就是包括我们人类在内的高等灵长类家族的一个家谱和概略的“发家史”，这个谱系指向的源头就是中华曙猿。换句话说，中华曙猿是包括我们人类在内的所有高等灵长类的远祖。

知识点

灵长类的分类

灵长类包括原猴亚目和猿猴亚目。原猴亚目颜面似狐；无颊囊和臀胼胝；前肢短于后肢，拇指与大趾发达，能与其他指（趾）相对；尾不能卷曲或缺如。猿猴亚目颜面似人，大都具颊囊和臀胼胝；前肢大都长于后肢，大趾有的退化；尾长、有的能卷曲，有的无尾。按区域分布或鼻孔构造，猿猴亚目又分为阔鼻猴类和狭鼻猴类。

和人类拥有最近亲缘关系的黑猩猩

国家人类基因组南方研究中心的科学家近日成功完成了人和黑猩猩基因序列差异的比较研究，结果发现，人和黑猩猩基因的功能区域差异只有0.75%。这是我国科学家首次系统地开展人和黑猩猩的比较基因组学研究。我国科学家的发现为探索人类的起源及其独特的性状特征提供了重要的科学参数和新的研究线索，同时也为识别重要疾病易感基因的研究开辟了新的途径。

此外，科研人员对人、黑猩猩、大猩猩、长臂猿和猕猴的标本测序所得到的系统进化树，也再一次证明了和人类具有最近亲缘关系的是黑猩猩，而非大猩猩。人类和黑猩猩的分歧时间是493万年，而和大猩猩的分歧时间是726万年。

黑猩猩是类人猿中分布最广泛的一种，它们生活在非洲的深山密林中，长期的森林生活，使它们有极高明的臂行术。黑猩猩生活在赤道附近的非洲中部和西部热带森林中，从20世纪初，一些动物学家就在非洲三个地点建立了考察基地，开始探索野生黑猩猩的奥秘。

黑猩猩

野生黑猩猩经常三五成群地外出活动，有时是一大群，最多可达四五十只。黑猩猩的群体中成员经常变动，其中最稳定的是母亲和她的子女们。每个子女只认其母，不认其父，只有一家成员才常常聚在一起，在黑猩猩的群体中，必定有一只雄性的黑猩猩首领，其他所有黑猩猩不论成年还是幼仔都围绕在它的身边，以表示尊敬，服从它的指挥。群体中的首领如果老化，则由其他更为强壮的雄性黑猩猩通过争斗，来代替旧的首领地位。

黑猩猩群居在树上，主要食物是水果。在水果淡季，经常找一些昆虫和其他食物吃。黑猩猩钓白蚁的技术相当高明，它在行走时就准备好树枝，并进行简单的修整，找到蚁穴后，把树枝捅入洞内，白蚁以为有外敌入侵，就用颚死死咬住枝条，哪知正中了黑猩猩的圈套。当黑猩猩估计有许多白蚁上当时，就把枝条从蚁穴中拔出，放在嘴里，把上面的白蚁一个不漏地舔干净，然后再继续钓。有时黑猩猩也偶尔捕食狒狒、羚羊、野猪等，它们在狩猎时经常通过精心策划，集体协作完成。

忧郁的黑猩猩

黑猩猩能通过各种方式交流信息和感情，当一些猩猩久别重逢时，会大声喊叫或相互搂抱，亲吻等，有时还能用手势接触传递消息和感情。美国一位叫海斯的科学家，把一只黑猩猩从出生时就放在家里饲养并起名维基，让它和同岁的小孩一起生活。经过训练，维基学会用榔头、锯等工具，学会用吸尘器清扫地毯，开罐头、换灯泡，甚至还会说一些简单的英文单词。实验证明黑猩猩可以通过不同颜色和图形板拼出“苹果”、“香蕉”、“水桶”等单词组成的句子。

在整个动物界中，越是高等动物，情绪活动就越丰富，因为情绪变化是脑功能发达的表现。鸟类、爬行类动物脑结构简单，情绪固定呆板。黑猩猩则不同，它们与人类一样有喜怒哀乐的情绪变化，有些行为与人类极为相似。一次科学家在非洲密林中观察到一只黑猩猩产仔的场面，当雌猩猩临产时发出痛苦叫声时，它的家庭成员都在不远处静静等待，脸上出现紧张和焦虑的表情。当小猩猩顺利出生后整个家庭又闹又叫，呈现一片欢乐气氛。

了不起的黑猩猩

当今的人类在使用工具制造工具方面取得很大的成绩。要评价动物能力时，往往也提出这方面的标准：它们会不会使用“工具”？凭它们这方面的能力来判断接受实验的动物智慧的高低。

据科学家们实验，黑猩猩在画画方面的最初阶段和孩子们学画画所经历的几个阶段是一样的。科学家们把黑猩猩的绘画“创作”和孩子比较，发现黑猩猩开始时画直线，接着会画成直角相交的横线，至多还会画圆圈，从此再没有什么进步了。黑猩猩画画时，能做到构图的对称，在这方面比孩子们强。这也表明黑猩猩很聪明，不要说其他动物，就是人类近亲中的其他猿类，也没有哪个有如此高的智慧。

充当表演明星

在动物王国里，有许多动物经人驯化后能表演各种节目，其中技艺超群者也可称为明星。黑猩猩的名气就很大。黑猩猩和大猩猩、猩猩、长臂猿同属灵长目，也叫类人猿。这类动物的智能很发达，其中黑猩猩最聪明，可以达到人类两三岁时的智能。它有善于模仿的习性，黑猩猩和其他类人猿相比，还有容易驯化的特点，和饲养者很易相处，驯化它远比其他类人猿容易。

表演明星

训练黑猩猩表演节目，首先要和它搞好关系。它的模仿智能很高，很容易教，也学得很快，它不仅能依据人的语言学习，人使用手语，它也能够学，能学会85%的手语。按照动物心理学来分析，黑猩猩有很高的天资和很高的模仿性，所以能学会各种各样的表演，人们正是根据它天资高、模仿性强，是表演明星的材料，才选中它来驯化，训练它骑自行车、投苹果等各种表演技艺。

黑猩猩每天换床

在所有动物中，黑猩猩和类人猿的关系最密切，它会修建简便的窝巢作睡觉用。

除了猩猩的幼儿，所有的黑猩猩每夜都筑一新的睡巢。筑巢的时间经常是天黑以后，用不到3～5分钟就能完成，它们在树的树冠上选择一结实的巢座，比如垂直的叉状支撑物或树的枝杈，或两根水平的分枝，然后用脚把一些较小的树枝拉拢弯曲，编到巢座上，最后它把长在窝巢边缘的带叶的细枝卷进去，躺了下来，整个身子压在垫子上。经常它们躺了几分钟，又坐起来，摘一把带叶的嫩枝枕在头下或放在身体的某个部分下面，这才安心睡觉。研究人员发现，尽管筑巢的速度很快，但树枝编织的相当严实，健康的黑猩猩的窝巢决不会污染粪便，它们总是在巢边大小便。

当母猩猩产仔后，就筑一特别大的窝巢，这需要较多的时间，因为它一只手抱着婴儿，只凭一双脚和另一只手来工作。在繁殖季节，这个巢又被赋予了新的意义。

世界人种的形成及人种迁移

人类肤色是怎样形成的?

人类进化方面的另一种重要变化则是皮肤。灵长类动物因为都有又长又黑又粗的毛发，所以皮肤下层的汗腺和色素也就很少，并不起主要作用。但是，人类身上的毛发除了头部的之外，都又短，又细，又稀，所以皮下汗腺比较多，色素起到很重要的作用。色素决定着皮肤的颜色，也决定着皮肤的屏蔽功率。现在生活在地球上的人类，都是从这 5 个人种进化而来的。这都是和远古时期狩猎生活有关的适应性变化。因为，大部分食肉性动物都是在夜间狩猎，所以不需要这种变化。但人类却必须在白天的炎热气候下活动和狩猎，发展和演化出了较细的毛发和较多的汗腺，这是维持健康的正常体温所必须的条件，因为人类在做剧烈的活动如奔跑时，主要是靠出汗来把身体中多余的热量散发出去的。

法国学者居维叶根据人种的肤色及发型等主要特征，把世界人种划分为高加索人种、蒙古人种和尼格罗人种三大类，这就是我们通常所说的黑种人、白种人和黄种人。现代遗传学研究表明，人类 DNA 序列的 99.9% 相同，不同人种间的遗传物质只有极小的差异，这意味着现代的各个种族可能源自作为人类已获充分发展的同一祖先。多数人类学家认为，人类大约在 10 万 ~15 万年前诞生于非洲，然后随着生存能力的增强，一部分走出非洲，分布到世界各地。由于过去人类受自然环境的严重束缚，长期定居在相对隔离的各个不

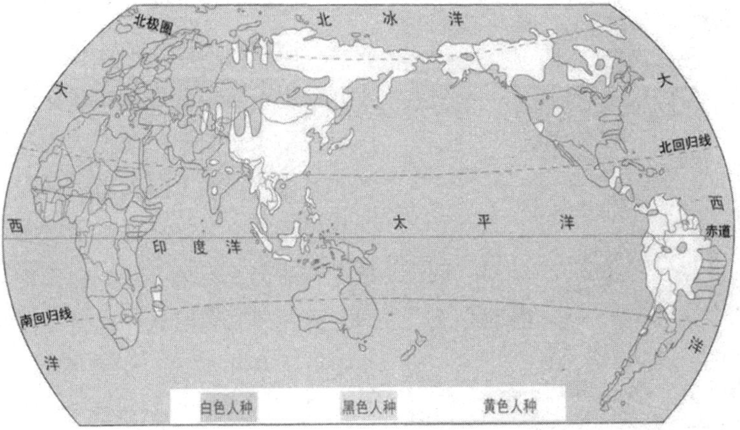

世界人种分布图

同的地域环境中，在体质上形成了互不相同的适应特定环境的特征。苏联学者阿列克谢娃根据地球各纬度的气候不同，将人体适应地理类型分为热带适应型、温带适应型、寒带适应型和北极适应型等类型，在此我们把三大人种与之配对，作世界人种的形成及其迁移的阐述。

热带适应型人种——黑种人

黑种人也称尼格罗人种，他们的祖先就是那些没有迁出非洲而仍在发源地及其附近生活的人，他们主要在非洲的赤道附近的热带地区，所以也称赤道人种。该地区太阳直射的时间比较长，气温高，太阳紫外线照射强烈。这种居住环境影响着尼格罗人种的体质特征，皮肤黑色素含量高，能帮助阻挡热带地区强烈的太阳光紫外线，保护皮肤内部结构，因其皮肤黝黑而称黑种人。同时黑种人浓密的卷发，导热性差，有隔热作用，防止被日光晒昏；头型偏小且前后长、体重轻，体表汗腺密度特别大，汗腺粗，体毛少，有利于排汗散热；鼻子嘴唇宽厚，黏膜面积大也有利于散热。他们的营养类型属植物性、低热、蛋白和多糖类型，且四肢长擅长跑，这些都是对高温环境的适应。

黑种人一直生活在非洲撒哈拉沙漠以南地区，随着地理大发现和新航线的开辟，黑色人种的平静生活被打破了，在欧洲白人的暴力中，许多黑人被

最美的笑容（1）非洲人

迫迁往美洲。15 世纪中叶，随着美洲被发现，欧洲白人开始前往掠夺资源和财宝。由于不断地开发金银矿、创建种植园以及由于对美洲印第安人实行灭绝人性的大屠杀，加上白人尚不适应当地的湿热气候等原因，在开发中美洲中非常缺乏劳动力。不久，欧洲白人把目光瞄向了强壮的非洲黑人，觉得在湿热的气候条件下种植甘蔗、烟草等经济作物，非洲黑人是最适合不过的“人选”了。从此，一场在暴力胁迫下的，以奴隶贸易形式出现的人种大迁移开始了。

最早掠卖黑奴的是葡萄牙和西班牙殖民者，16 世纪下半叶，荷兰、丹麦、法国、英国等国殖民者相继加入这项血腥的贸易中。欧洲奴隶贩子乘船从欧洲来到非洲西海岸，即从冈比亚河到尼日尔河口三角洲一带，逐渐形成了从塞内加尔到安哥拉长达 6000 千米的奴隶贸易的黄金海岸。早期的奴隶贩子扛着枪，扑向黑人的家园，见人就抓，后来是先收买一些黑人部落的首领，叫他们带人去攻打其他部落，大抓俘虏，然后卖给奴隶贩子，往往几块布，几个玻璃球之类的廉价商品就能换好几个黑奴。随后，欧洲奴隶贩子把购得的黑人奴隶装船运往北美东南大西洋沿岸（查尔斯顿、萨凡纳等）及西印度群岛和南美洲北岸（加拉加斯等）东北岸（卡莫辛等）等地出售。最后，黑人被作为商品转卖到西印度群岛和南、北美洲大陆的种植园里，过着牛马不如的生活。19 世纪前半叶，美国殖民者也大肆从非洲劫掠黑人，高价卖给美洲的矿主和种植园主做奴隶，大批黑人进入非洲。

寒带、寒温带适应型人种——白种人

据人类学家研究，大约在 5 万年前，生活在非洲的一部分人类祖先逐渐从非洲东部进入中东，然后向北，长期生活在亚、欧、非相连接区域以及后

最美的微笑（2）美洲白人

来到更广阔的欧洲地区，这些人被称为高加索人种。高加索人种的体质特征与居住环境：长期居住温带高纬度地区，常年太阳不能直射，光照强度较弱，气温较低，严寒期长。在常阴、多云的地区，浅白的肤色可以从阳光中吸收足够的紫外线，以减少疾病的发生，并可使皮肤少受冻伤，该人种因其皮肤偏白而称白种人。同时白种人体重腰粗、头型大而圆、脸较平；头发直硬或波浪状，嘴唇薄，体毛浓均有利于保温；鼻子狭窄带钩，鼻内孔道较长，可预热吸进的冷空气，然后进入肺部。他们的营养类型属动物性、高热、高蛋白和少糖类型，且骨骼肌肉发达、体温调节能力强、肺呼吸能力也强，表现出适应寒带气候的身体特征和生理特征。

高加索人种在历史上经历的几次民族大迁徙，成了她形成和发展的重要时期。比如公元4世纪~5世纪的民族大迁徙，即以日耳曼人为主的蛮族，在罗马帝国境内迁徙、转战和建立欧洲民族国家的历史过程。5世纪中期，阿提拉率匈奴人横扫欧洲，给罗马帝国以沉重的打击。西罗马帝国灭亡后，法兰克人、盎格鲁—撒克逊人等蛮族纷纷入据西罗马旧地并建立王国。这些日耳曼人就是今天欧洲人的祖先之一。之后，十字军、阿拉伯人、蒙古人、突厥人一波接着一波地冲击着欧洲大陆，也改变和重组着欧洲的种族分布。今天，高加索人种主要分布在欧洲、北非、南亚等地，其中以欧洲居多，故也称欧罗巴人种。

高加索人种迁移的重要时期是地理大发现时期。欧洲人在这个时代，通过新航路的开辟，开始向世界其他地方大规模地扩张和移民，大量移居南、北美洲和澳大利亚、新西兰、亚洲西部等地。16世纪西班牙人与葡萄牙人在中、南美洲进行殖民，土著印第安人的灭绝使这些国家白种人成为主要人种，比如现在阿根廷白种人占97%，多属西班牙后裔。百年后法国、英国等开始向北美洲移民，由于北美洲的美国与加拿大东海岸接近西欧，所以移民的速度逐渐加快，并成为欧洲移民的主要集中地。现在，加拿大的英裔法裔居民占68.7%左右。而美国，从1607年英国的清教徒开始在弗吉尼亚的詹姆斯登陆建立殖民地，到18世纪30年代，已经在北美大西洋沿岸建立了13个殖民地，移民达300多万。1785年，日益崛起的大英帝国的殖民地又加上了面积达800平方千米的一块——澳大利亚，随后希腊人、意大利人等也追踪而至。所以今天大多数澳大利亚人的祖籍是英国。

温带适应型人种——黄种人

迁徙出非洲一部分人类的祖先，从非洲的东部进入中东后，除一部分向北外，还有一部分向东迁移，长期生活在中亚和东亚的干旱草原和半荒漠地区，所以称蒙古人种或亚美人种。蒙古人种的体质特征与居住环境：亚洲地区气候温和，介乎非洲和欧洲之间，其体质特征属于尼格罗人种和高加索人种之间的过渡类型，表现出的肤色也处于黑色和白色之间的浅黄色，故称黄色人种。同时他们发黑且直、体毛较少，呈短头型、脸型扁平、颧骨较高，

亚洲人

眼皮有波浪壮蒙古褶。这些都是对温带气候的适应。

现在黄种人主要分布在东亚、东南亚、西伯利亚和中亚。他们是干旱草原和半荒漠地区的黄种人向南及周边地区迁徙而形成的分布。向南迁徙的黄种人逐渐向东亚、东南亚扩散。

黄河中下游平原是中华民族的发源地，中国人口最初生活和繁衍于这一片地区。从秦汉时期开始，由于自然环境（黄河流域的环境恶化和资源枯竭等）和社会的原因（游牧民族南侵、北方战乱等），我国人口频繁地迁移：由内地向西部、北部边疆地区迁徙（宋元明末等），边疆少数民族内迁（东汉后的五胡内迁），华人外迁（唐朝通过海上丝绸之路到南洋，郑和下西洋后大批华人迁徙到南洋），由黄河中下游平原向四周扩散特别是向南方的长江流域和珠江流域扩散（随着经济政治中心的南移而南迁），从而使人口逐渐扩散到我国的每一个地区。根据地理学家胡焕庸教授估计，由“安史之乱”引发的人口大迁徙，从根本上改变了中国人口地理分布格局，使南方人口第一次超过了北方人口，中国人口地区分布的中心首次由黄河流域移到了长江流域。

东南亚、东亚大多数现代居民最初来自今日中国的地域。可能比新石器时代更早的数千年前，主要是中国南部，也许还有西藏及印度的黄种人开始逐渐向东南亚迁徙并与更早的东南亚居民或其他种族通婚，其中甚至包括来自更遥远南方人种和其他人种。大约公元前二三世纪部分黄种人从中国的东北部东迁至朝鲜半岛和日本列岛等，因而有了箕子朝鲜，徐福东渡等古老的传说。

向北的黄种人进入西伯利亚、美洲、北极地区等。美洲印第安人几乎都是从西伯里亚东北部渡过白令海峡而来的移民后裔。这大约是发生在一万年前的事。实际上当时地球温度比现在要低，海面也比现在低得多。最早的移民穿过只有 100 多里（1 里 =500 米）的连接亚洲东北部和北美洲西北部的陆桥沿着阿拉斯加南岸来到北美洲。这些移民又继续向南前进、扩散，继续寻找新的猎场和家园。这样南北美洲就很快被这些移民占据。1492 年当意大利航海家哥伦布踏上美洲大陆，看到头发又直又黑的土著人，他的第一反应是他到了亚洲，并至死坚信他们就是印度人，故而称之为印第安人。目前所知人类最早进入北极地区的时代可上溯至旧石器时代。当时的穴居原始人出于寻找猎物的本能而到达过泰加林与苔原带交界的地方。大约18000年前，地球上最末一次冰期抹去了早期人类活动的绝大部分记录。而冰期极盛期以后，随着天气回暖而重新北上的古人类，如欧亚大陆上的西伯利亚人和拉普人，美洲大陆上的古爱斯基摩人，以及后来的因纽特人（新爱斯基摩人），虽然几经动荡，却始终没有离开北极地区，因而成为北极地区当之无愧的主人。

知识点

人种的形成

人种也称种族，是根据体质上某些能遗传的性状而划分的人群。人类的各种性状一方面受到遗传因素的影响，另一方面又受到环境因素的作用。因此世界上不同的人群有着不同的基因频率，从而产生了人种的差别。在生物学上，人类各种族都同属于一个物种，那就是智人。不同的种族相当于在一个物种下的若干变种，他们都起源于一共同祖先。不同的人种在肤色、发色、发型、头型、身高等特征上的区别是由于人类在一定地域内长期适应当地自然环境，又经长期隔离所形成的。